LE TEMPS DES IMAGINAIRES

Vivre avec l'autre est source d'émancipation. Les jardins, les fermes de partage, les rencontres, les lieux où se forgent de nouveaux imaginaires, les territoires qui inventent de nouvelles manières de faire lien, les politiques publiques qui placent en leur cœur la diversité, constituent les espaces que nous voulons voir éclore demain. C'est de ce constat qu'est née la collection « Le Temps des imaginaires », une aventure littéraire qui cherche à déployer un nouveau récit et, à l'aide de mots et d'images, à munir chaque lecteur d'outils de réflexion, afin qu'il puisse répondre par lui-même aux grandes questions contemporaines. En s'affirmant volontiers dans une démarche éditoriale méditante et militante, les livres de la collection s'engagent à ouvrir un nouvel horizon commun et à renouer avec les identités plurielles qui nous composent et tissent nos destins.

DEVENIR GARDIENS DE LA NATURE

DEVENIR GARDIENS DE LA NATURE

Marine CALMET

POUR LA DÉFENSE DU VIVANT ET DES GÉNÉRATIONS FUTURES

Le temps des imaginaires

Tana éditions

Sommaire

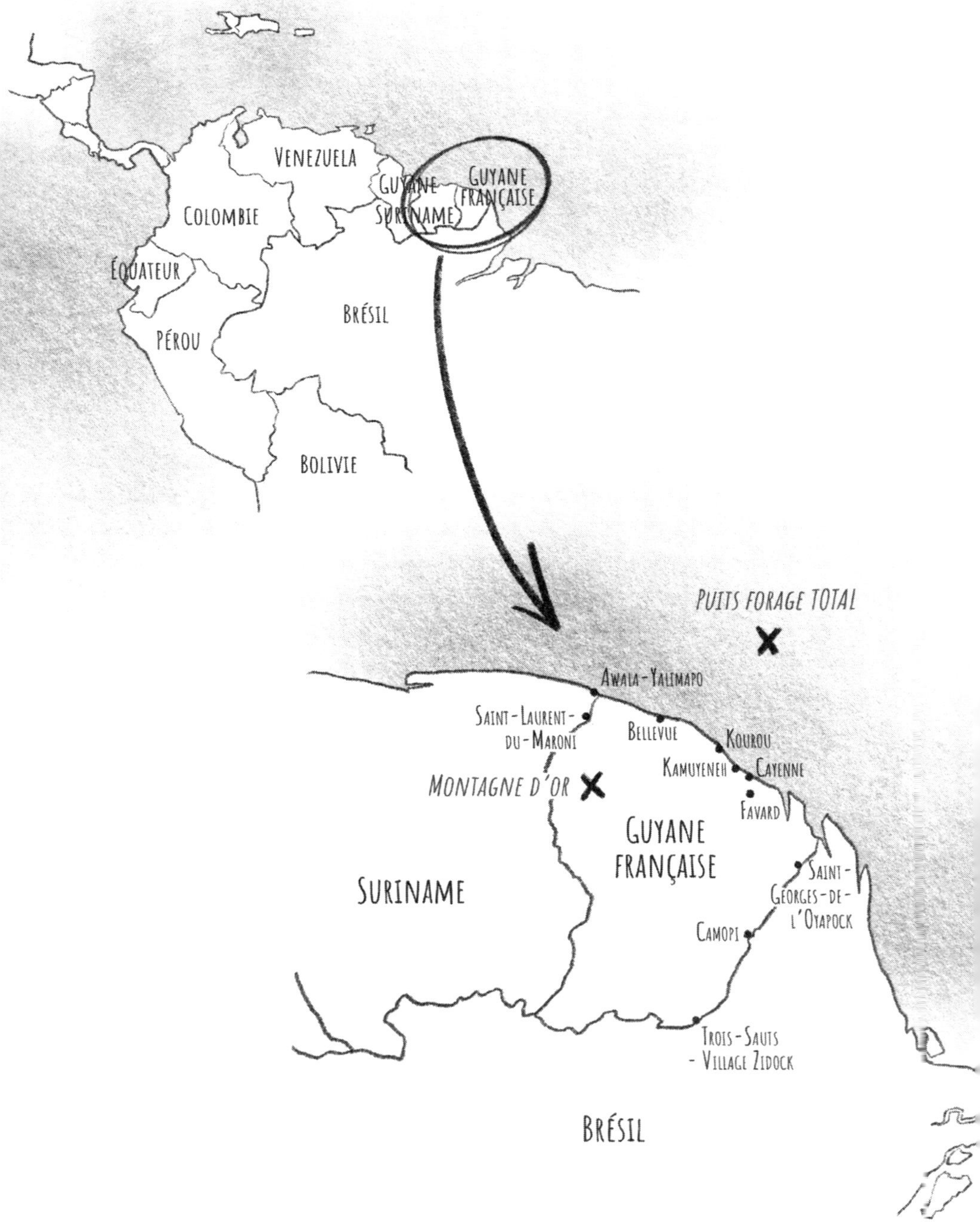

Venezuela
Guyane
Guyane française
Suriname
Colombie
Équateur
Brésil
Pérou
Bolivie
Puits forage TOTAL
Awala-Yalimapo
Saint-Laurent-du-Maroni
Bellevue
Kourou
Kamuyeneh
Cayenne
Montagne d'or
Favard
Guyane française
Suriname
Saint-Georges-de-l'Oyapock
Camopi
Trois-Sauts - Village Zidock
Brésil

Préambule

« Je prédis que de notre vivant on parlera d'astronomie sur les marchés [...] On avait toujours dit que les astres étaient fixés sur une voûte de cristal pour qu'ils ne puissent pas tomber. Maintenant, nous avons pris courage et nous les laissons en suspens dans l'espace, sans soutien et ils gagnent le large comme nos bateaux, sans soutien au grand large [...] Mais l'univers en l'espace d'une nuit a perdu son centre et au matin, il en avait d'innombrables. Si bien que désormais le centre ne peut être considéré partout puisqu'il est nulle part[1]. »

En démontrant que le modèle géocentrique était erroné et que la Terre n'était pas le centre de l'univers, Galilée a déconstruit l'ordre du monde tel qu'il était prôné par l'Église catholique. Il a établi que malgré la vision défendue par les dogmes religieux, l'homme, n'était pas au sommet de la création divine, ébranlant une croyance qui contribuait à justifier sa domination sur le reste du vivant.

De la même façon, aujourd'hui, nous sommes face à un moment charnière de notre histoire. Notre modèle de

1. Bertolt Brecht, *La Vie de Galilée,* L'Arche, 1997.

développement anthropocentré reposant sur l'exploitation de la nature par et pour l'homme est mis en défaut par la communauté scientifique alertant sur l'incompatibilité du mythe de la croissance infinie avec la protection des conditions de vie sur Terre. Le monde occidental libéral, confortablement installé dans cette idéologie, prend progressivement conscience de son interdépendance avec la nature. Les mouvements de défense de la Terre prennent chaque jour plus d'ampleur. Une nouvelle révolution copernicienne est en train de remettre en question notre place au sein de la communauté du vivant, non plus comme « maîtres et possesseurs » de la nature comme le défendait Descartes, mais comme gardiens ou gardiennes.

Alors que le monde est resté paralysé durant de longs mois par l'épidémie de Covid-19, nous pouvons décider de reprendre nos activités, comme si de rien n'était, relancer l'économie par tous les moyens et reprendre notre trajectoire là où elle s'était arrêtée, filant droit vers une augmentation globale des températures de 4 °C voire plus. Or, de nombreuses voix se sont élevées dès le confinement du printemps 2020 pour en appeler à un sursaut. Cette pandémie causée par une zoonose, maladie transmise par un animal aux humains, est indiscutablement liée à la pression anthropique exercée sur les écosystèmes et met en lumière le fait que l'espèce humaine est devenue la plus grande menace pour la nature mais aussi pour elle-même.

Le monde industriel lancé dans une course sans fin à l'accaparement des richesses naturelles, dépasse toujours plus les limites biologiques de notre planète. Et si la crise écologique que nous traversons se résumait en réalité à une crise identitaire liée à notre incapacité à reconnaître notre place dans la nature ? Pour de nombreux peuples autochtones, ce lien à la nature est consubstantiel de leur identité et cimente leur organisation sociale. Les peuples autochtones, aussi appelés Premières Nations, se distinguent par leur antériorité sur un territoire, préalable à une époque de conquête ou de colonisation, leur différence de culture avec la population dominante ou majoritaire de l'État dans lequel ils vivent, la conservation d'une partie au moins de leurs institutions sociales, économiques, culturelles et politiques propres ainsi que le sentiment d'appartenance à cette catégorie. Dans ce livre, j'ai voulu raconter mon expérience en miroir, l'inspiration trouvée auprès d'eux en découvrant leur héritage culturel et en même temps, la révélation qu'a représenté le fait de voir notre culture occidentale à travers leur regard et leurs luttes. Notre modèle social s'est progressivement éloigné de la nature, développant une relation de domination et d'exploitation qui pourrait bien conduire à une altération irréversible des conditions de vie sur Terre.

Face à cette situation, il nous appartient de trouver de nouvelles solutions pour protéger notre futur. Des militantes et des militants y consacrent toute leur énergie. Pris dans le flot continu de leur engagement, il est rare qu'ils aient l'opportunité de documenter leur mobilisation. Or, je pense que ces récits ancrés dans le présent et porteurs d'espoir et de sens peuvent au contraire inspirer une nouvelle génération de gardiens et de gardiennes de la nature en quête de sens et de solutions.

J'ai choisi le terme « gardien » car il renvoie au mouvement des droits de la nature. Des gardiens du fleuve Atrato en Colombie, aux mécanismes de *guardianship* (« tutelle » en anglais) mis en place pour reconnaître la personnalité morale des écosystèmes et leur attribuer des tuteurs chargés de défendre leurs droits, il s'agit de l'instauration de nouveaux modèles de société pour représenter les intérêts du vivant, se doter d'un statut de protecteur et non de propriétaire de la nature. Cet ouvrage s'adresse ainsi aux gardiens et aux gardiennes, car les femmes sont omniprésentes dans les mouvements pour la défense du vivant. Elles ont à mes yeux un rôle essentiel à jouer dans les bouleversements de société qui nous attendent. Invisibilisées, longtemps objectivées, souvent brutalisées, les femmes et leurs combats pour l'accession à des droits égaux à ceux des hommes illustrent l'importance du droit pour fixer de nouvelles règles et ainsi construire un monde juste. Si elles sont si nombreuses aujourd'hui à prendre la parole pour dénoncer la violence subie par l'oppression masculine, elles sont également très souvent à la tête des mobilisations contre l'exploitation de la nature. Un hasard ? Pas du tout. Pour dénoncer les ficelles d'un système bâti sur la violence, l'oppression et la domination, les femmes font entendre leur voix, pour elles et pour les autres, ceux qui n'ont pas la force de parler ou alors ceux qui ne peuvent pas parler du tout, les rivières, les arbres, les animaux, toutes entités naturelles dont les intérêts sont en danger.

À travers l'expression « gardiens » ou « gardiennes », je voudrais donc partager ma vision d'un nouveau rôle dans notre société, qui transcende celui de citoyen ou de citoyenne. Liberté, égalité fraternité ? Oui, mais comme le dit Jeanne Burgart-Goutal dans son ouvrage *Être écoféministe*[2], pas de liberté sans respect des limites planétaires, pas d'égalité sans commun désirable, pas de fraternité sans inclure les non-humains.

Ce livre est ainsi le récit d'un parcours initiatique, dont le but est de proposer de nouvelles réponses à celles et ceux qui, lassés des pétitions, des pancartes et des écogestes, souhaitent investir le rôle de gardien, pour défendre les droits de la nature et lutter contre l'impunité des industries coupables d'écocide.

Pour illustrer l'émergence de ces nouveaux concepts et tenter de démontrer leur nécessité, j'ai choisi de retracer l'histoire de trois années de mobilisation contre les industries extractives en Guyane française, le projet de mine Montagne d'or et

2. Jeanne Burgart-Goutal, *Être écoféministe. Théories et pratiques*, L'Échappée, 2020.

les forages offshore de Total. En effet, l'Amazonie, véritable sanctuaire animal et végétal, se révèle être le terrain de luttes acharnées entre industriels, peuples premiers et associations écologistes. Si l'expression anthropomorphique de poumon vert de la Terre illustre le lien étroit entre santé humaine et planétaire, les combats qui s'y jouent témoignent d'un choc des cultures violent entre les gardiens et les gardiennes de la nature et ses bourreaux. Aujourd'hui encore, les sirènes de l'Eldorado attirent en Guyane des entreprises colonisatrices, dont les chants envoûtants promettent richesse et bonheur, quand dans leur sillage elles sèment misère, crises sociales et destruction des écosystèmes.

Pourquoi un récit initiatique ? À la recherche d'un autre modèle de militantisme, plus holistique, je suis partie de Paris en février 2018 avec l'envie de découvrir d'autres manières de m'engager pour la nature. Sur les traces de l'écrivain uruguayen Eduardo Galeano, auteur de l'ouvrage *Les Veines ouvertes de l'Amérique latine*[3], dans lequel il relate l'histoire d'un continent façonné dans la boue et le sang par la colonisation européenne et les entreprises minières, je suis allée constater de mes yeux les séquelles de cette prédation et les conséquences structurelles politiques et économiques pour les populations locales et les écosystèmes. Pour comprendre les défauts de notre société occidentale, je nous ai observés à travers les yeux des peuples autochtones de Guyane, j'ai vu les impacts de notre culture sur d'autres peuples et d'autres territoires. Malgré cela, ces peuples ont mis en place de formidables mécanismes de résilience pour protéger leurs structures sociales tournées vers la défense de l'intérêt général et la symbiose avec la nature. Ainsi, il m'a été donné de voir sous un nouvel angle, les impacts de la déconnexion de notre civilisation avec le vivant. Les projets

3. Eduardo Galeano, *Les Veines ouvertes de l'Amérique latine*, collection « Terre humaine », Pocket, 2001.

d'exploitation minière comme Montagne d'or et les forages de Total ne sont en réalité que les symptômes d'un mal bien plus profond qui nous conduit aujourd'hui à une forme de suicide programmé. Témoin des carences de notre société et de nos lois incapables de protéger la nature, je dénonce l'appétit indécent de ces industriels qui se comportent en pillards et la duplicité de l'État, dont les agissements en coulisse montrent l'évidente complicité avec cette prédation décomplexée du monde vivant.

Profondément inspirée par cet apprentissage, je suis revenue à Paris où je tente désormais de faire émerger des propositions nouvelles, fruits d'une désobéissance créatrice et constructive pour imaginer une société dans laquelle la nature et ses gardiens et gardiennes peuvent s'émanciper et trouver leur place.

Aux côtés des membres de la Convention citoyenne pour le climat ou des élèves du programme de formation de la Wild Legal School que j'ai cofondée en 2019, j'observe comment la prise de conscience écologique fait émerger de nouveaux acteurs prêts à reconsidérer nos croyances et à désobéir pour faire respecter la jurisprudence et les lois de la nature.

En proposant de nouvelles normes respectueuses des mécanismes biologiques de nos écosystèmes, le droit peut nous permettre de sortir de l'Anthropocène et d'entrer dans le « Symbiocène », « une ère caractérisée par des émotions positives envers la Terre, une ère qui représente un avenir alternatif hautement souhaitable[4] » comme la décrit le philosophe Glenn Albrecht. Ainsi, être gardien et gardienne de la nature, c'est inventer une nouvelle gouvernance reposant sur la réciprocité et l'harmonie avec la communauté du vivant.

4. Glenn Albrecht, *Les Émotions de la Terre. Des nouveaux mots pour un nouveau monde*, Les Liens Qui Libèrent, 2020.

Chapitre 1

Prémices

Janvier 2018. Le départ est imminent. Depuis des mois, mon esprit est déjà en Guyane. Je vis à l'heure amazonienne, mon téléphone affiche deux horloges, Cayenne et Paris, et lorsque ma journée de juriste parisienne s'arrête, mon travail de militante commence là-bas.

Mes amis se moquent gentiment de moi. Je les abreuve d'anecdotes sur l'Amazonie, les peuples autochtones et les mines d'or. Je lis les journaux guyanais et mes appels traversent l'Atlantique souvent jusqu'à 2 heures du matin à cause du décalage horaire. Assise dans la cuisine jusque tard dans la nuit, devant l'écran de l'ordinateur, je finis un communiqué de presse, j'améliore un nouveau visuel de campagne ou je prends des nouvelles du terrain. Impossible de décrocher. À travers la fenêtre du 5e étage, le canal Saint-Martin et ses grands platanes, un décor brouillé par mes pensées qui s'envolent vers la Guyane, ses fleuves interminables et les arbres majestueux de sa forêt primaire.

Les six derniers mois ont passé comme un éclair. Depuis l'été 2017, je me suis lancée à corps perdu dans la lutte contre le projet de mine industrielle appelé « Montagne d'or ».

Bénévole pour Nature Rights, une association engagée dans des projets d'agroforesterie et de sauvegarde des savoirs traditionnels amérindiens en Guyane, j'ai découvert ce projet grâce à notre réseau d'organisations locales.

La description que les militants en font est effrayante. La mine à ciel ouvert, si elle venait à exister, formerait une gigantesque fosse de 2,5 km de long, 400 mètres de large et 120 mètres de profondeur. Une plaie de terre couleur sang dans la forêt amazonienne. Si le projet se réalise, les bruits de la vie sauvage seront recouverts par le vacarme des hommes qui s'y acharneront à coups de dynamite et des dizaines de machines bruyantes qui y creuseront le sol toujours plus profondément pour en extirper jusqu'au dernier gramme d'or. Les données communiquées par l'exploitant sur l'impact de l'exploitation minière sont étourdissantes : 80 000 tonnes de déchets miniers produits chaque jour, une consommation de 470 000 litres d'eau par heure et la construction d'une digue de 60 mètres de haut pour retenir un lac de milliers de mètres cubes de boues toxiques chargées de cyanure et de métaux lourds.

Malgré les grands discours sur l'urgence climatique et la préservation de la biodiversité, la France envisage encore ce type de projets de pillage au cœur du poumon vert de la planète. En l'apprenant, je ressens colère et indignation, à la fois à cause de la monstruosité du projet lui-même mais également à cause de ce qu'il révèle du comportement de notre gouvernement, du manque de respect vis-à-vis des femmes et des hommes de ce territoire, une politique aux relents nauséabonds de Françafrique, mêlant colonialisme et exploitation à outrance de la nature. La soif de l'or qui a mené à la quasi-extermination des peuples autochtones, est toujours présente et le Président français annonce déjà le « renouveau minier » de notre pays alors même que les populations locales ne souhaitent pas voir des multinationales étrangères s'installer sur leur territoire.

Durant mon parcours de militante écologiste, j'ai déjà combattu de grands projets inutiles et dangereux. En 2015, alors que j'étais encore étudiante en droit, je participais au procès lancé contre le projet de centrale nucléaire EPR de Flamanville. Par la suite, je me suis mobilisée dans la lutte contre l'aéroport de Notre-Dame-des-Landes, puis contre le tracé de la ligne ferroviaire pour ultra-riches à Paris, le « CDG Express ». Ces projets ont en commun d'être des marqueurs d'une époque de démesure économique et de sacrifice des intérêts des classes populaires et de la nature.

Montagne d'or est le prochain scandale écologique que je combattrais. J'ai contacté Or de question, le collectif qui rassemble les individus et les organisations opposées à la mine industrielle en Guyane pour leur proposer mes compétences. La campagne contre ce projet est lancée depuis environ un an et les militants sont en pleine effervescence. Il y a tellement de choses à faire pour en faire connaître les dangers et éviter que la compagnie minière s'installe. Avant même de poser un pied en Guyane, j'ai intégré le « noyau dur », une équipe hétéroclite et dont les tâches consistent à structurer la mobilisation, rédiger des communiqués de presse et échafauder la stratégie de campagne. Ainsi, d'un côté et de l'autre de l'Atlantique, les militantes et les militants s'organisent pour faire obstacle au pillage de la forêt amazonienne.

Montagne d'or et le tribunal des droits de la nature

Novembre 2017. En métropole, le projet Montagne d'or et ses conséquences sont encore assez peu connus. Loin des yeux, loin du cœur. Le drame qui se prépare en Guyane n'intéresse pas particulièrement les médias nationaux. Or de question et son partenaire, la fondation France Libertés, décident de profiter du rendez-vous politique de la COP 23 qui se tiendra cette année à Bonn, en Allemagne, pour se faire entendre. En effet, un réseau mondial d'associations dénommé l'Alliance Globale pour les droits de la nature y organise un tribunal d'opinion rassemblant des organisations en lutte contre des pipelines, des mines de charbon, des exploitations agricoles intensives et bien d'autres scandales écologiques. Des militants sont attendus du monde entier pour alerter sur les projets frappant leurs communautés et leurs territoires. De nombreux peuples autochtones seront présents : des Sarayaku d'Équateur, des Sami de Suède et des représentants des nations amérindiennes Mandan, Hidatsa, Arikara et Navajo venus des États-Unis. Avec Patrick Monier, de l'association écologiste Maiouri Nature Guyane et Christophe Yanuwana Pierre, porte-parole du mouvement de la Jeunesse autochtone de Guyane, nous avons décidé de participer à la COP 23 pour faire connaître notre combat contre la Montagne d'or et si possible, trouver des alliés.

Puisque l'État français ne prête pas l'oreille à nos inquiétudes quant aux risques écologiques graves que représente ce projet et que l'application du droit français de l'environnement ne se semble nullement faire obstacle à ce que l'on éventre l'Amazonie pour y trouver de l'or, il nous faut trouver un autre angle d'attaque. Nous travaillons pendant plusieurs semaines à préparer notre plaidoyer qui se tiendra devant un jury composé de personnalités internationales et d'experts. Nous défendrons que la réalisation du projet Montagne d'or est une violation des droits de la nature et des droits des peuples autochtones de Guyane.

Le jour J, à l'audience, Christophe Yanuwana Pierre prend la parole. En tant que représentant autochtone, les chefs du village l'ont autorisé à apporter une parure de plumes traditionnelle qu'il pose solennellement sur le pupitre devant lui avant de s'adresser aux juges. Il témoigne des difficultés que traversent les peuples amérindiens au quotidien, la pollution des cours d'eau et la disparition du poisson. « En Guyane comme partout ailleurs, l'or rend fou, c'est une maladie, dès que vous mettez de l'or quelque part les hommes deviennent violents et avides. C'est malsain » assène-t-il, rappelant par-là les blessures de la colonisation. « Je ne peux pas admettre que des entreprises viennent piller et retourner la terre où vont grandir mes enfants et mes petits-enfants » dit Christophe. En tant qu'habitant du village Terre-Rouge sur la commune de Saint-Laurent-du-Maroni dans laquelle tente de s'implanter le projet Montagne d'or, il n'a jamais caché sa détermination : il ira jusqu'à bloquer la route s'il le faut. « Ce qui est frappant, c'est la manière dont aujourd'hui encore on impose des choses à des peuples qu'on n'écoute même pas. Cela va se passer chez nous et ce sont des gens à des milliers de kilomètres qui décident de mettre en danger nos vies et notre environnement » dénonce-t-il, mettant en évidence l'irresponsabilité dont la France fait preuve face aux enjeux écologiques et climatiques.

En tant que juriste, j'expose à mon tour devant le tribunal nos griefs à l'encontre du droit de l'environnement français qui autorise le pillage des écosystèmes à des fins lucratives. Tout l'enjeu du tribunal d'opinion pour les droits de la nature, c'est qu'ici les juges ne se réfèrent pas au droit en vigueur dans les États mis en cause, mais à la Déclaration universelle des droits de la Terre-Mère, le texte de référence du mouvement pour les droits de la nature. Adopté en 2010 à l'occasion de la Conférence mondiale des peuples contre le changement climatique, celui-ci fournit un cadre juridique biocentré, selon lequel la nature est composée d'une multitude d'êtres vivants interdépendants fonctionnant au rythme de cycles vitaux indispensables à leur régénération. Comme le confirme le juge affecté à notre affaire, le sénateur argentin Fernando « Pino » Solanas, à la suite de notre audience, il est évident que le projet Montagne d'or et le secteur minier en général sont incompatibles avec le respect des lois naturelles et viole la Déclaration universelle des droits de la Terre-Mère.

Mais alors, le droit français est-il vraiment impuissant et aveugle face à la voracité morbide des multinationales ? « La diversité biologique, l'épanouissement de la personne et le progrès des sociétés humaines sont affectés par certains modes de consommation ou de production et par l'exploitation excessive des ressources naturelles. » Cette citation est issue du préambule de la Charte de l'environnement, un texte à valeur constitutionnelle. Au premier abord, le constat est fort et pourtant l'administration française ne semble pas en tirer toutes les conclusions qui s'imposent. Le concept même de mine industrielle est contraire au devoir de toute personne de prendre part à la préservation et à l'amélioration de l'environnement comme le prévoit l'article 2 de notre Charte. Alors pourquoi ces normes supérieures ne sont-elles pas respectées par l'exécutif et mises en application par la justice pour s'opposer aux projets qui détruisent la nature ? Pourquoi le principe de prévention et la protection des générations futures ne fait-il pas office de veto pour justifier l'abandon du projet Montagne d'or ? Qu'en est-il du droit à un environnement sain, l'accès à l'eau et à la santé lorsque l'on est issu d'un peuple autochtone et que l'on vit en Amazonie guyanaise ?

Le journal *Libération* s'est saisi du sujet et a publié le 12 novembre 2017 le plaidoyer de la Jeunesse autochtone dans une tribune intitulée « En Guyane comme partout ailleurs, l'or rend fou, c'est une maladie ». Un texte fort, comme une flèche tirée vers l'Europe pour permettre aux lecteurs de métropole d'ouvrir enfin les yeux sur l'entreprise de pillage qui a lieu en Guyane. Grâce à la Jurisprudence de la Terre et à ses principes instaurant un nouvel équilibre entre les droits humains et ceux des écosystèmes, nous étions en mesure de faire entendre une nouvelle voix, celle de la nature et de ses gardiens et gardiennes, face aux multinationales de l'or.

Sur le chemin du retour, je revois encore Christophe Yanuwana Pierre dans son habit traditionnel, le châle amérindien sur les épaules et sa grande parure de plumes délicatement enroulée dans la main, assis dans le tram. Le tableau est étrange. À travers la vitre, nous observons les installations de la raffinerie Rheinland qui défilent. La voie ferrée longe le plus grand site de ce genre en Allemagne. Des réservoirs, des tuyaux, des tours fumantes s'étendent sur des kilomètres. Quelle idée d'organiser une conférence sur le climat ici et d'imposer à tous les visiteurs ce spectacle lugubre ? Est-ce un pied de nez moqueur des industriels aux militants écologistes ? Les autres passagers nous regardent perplexes. Ils sont curieux de voir ce jeune homme, paré de couleurs vives et de plumes, au regard si sérieux. Scruté, dévisagé, Christophe me fait de la peine, c'est à cause de nous Occidentaux qu'il est ici, pour défendre sa forêt que notre gouvernement a décidé de laisser détruire pour satisfaire l'appétit des multinationales minières.

Le soulèvement des peuples autochtones de Guyane

Quelques mois avant la COP 23, entre mars et avril 2017, la Guyane était entièrement bloquée par des mouvements sociaux. Des marches et des barricades avaient paralysé tout le territoire durant des semaines. Parmi les manifestants, les peuples autochtones de Guyane et notamment des associations comme l'Organisation des nations autochtones de Guyane (ONAG) et le mouvement de la Jeunesse autochtone de Guyane (JAG), choisirent de faire entendre leurs propres revendications. Spoliés par les colons, déshumanisés par l'Église et finalement assimilés de force par l'État français, ils réclamaient justice pour 400 années d'oppression.

La ministre des Outre-mer de l'époque, Ericka Bareigts avait été dépêchée en toute urgence pour négocier sur place avec les représentants des protestataires. Les peuples autochtones demandèrent à faire valoir leurs droits dans un protocole d'accord annexe. Finalement, le 2 avril 2017, les représentants des principales organisations amérindiennes et la ministre signèrent l'« accord de Cayenne », un document de 20 mesures, comprenant notamment la restitution de 400 000 hectares de terres aux communautés autochtones et la création d'un office foncier dédié à la gestion de ces terres amérindiennes. La France s'engageait par la même occasion à reprendre les discussions autour de la ratification de la Convention 169 de l'Organisation internationale du travail (OIT), seul instrument juridique contraignant concernant les droits des peuples autochtones. En effet, les différents gouvernements français ont toujours refusé, et c'est encore le cas aujourd'hui, de ratifier ce texte, s'appuyant sur l'inconstitutionnalité d'une telle décision. Jusqu'ici, notre République « indivisible », selon l'article 1er de la Constitution française, n'a jamais toléré la reconnaissance de peuples autochtones sur son territoire. C'est pourquoi remettre en question cette lecture restrictive de notre texte fondateur serait une main tendue salvatrice pour panser les plaies de la colonisation. Un geste très attendu par les Premières Nations de Guyane.

L'accord de Cayenne est certes historique pour les peuples amérindiens, mais que valent réellement ces promesses ? Christophe et les autres représentants autochtones ne se font aucune illusion. Si les chefs coutumiers[1] et les représentants des

1. Les chefs coutumiers sont des autorités élues au sein des villages amérindiens, dont les responsabilités concernent entre autres la désignation de l'emplacement

organisations autochtones ne se mettent pas tous autour de la table pour faire avancer ces mesures et continuer à entretenir un rapport de force politique, cet accord restera une simple feuille de papier sans application concrète sur le terrain. La démarcation des territoires autochtones est une mesure qui se heurte à de nombreuses réticences politiques et économiques.

Pourtant, la question de la restitution des terres est essentielle pour les villages amérindiens qui connaissent tous des problèmes d'accès à la terre. Les médias sont prolifiques en articles sur le scandale des réserves autochtones au Canada ou aux États-Unis dans lesquelles les descendants des Premières Nations sont parqués et où les taux de chômage et d'alcoolisme explosent. Mais peu évoquent la Guyane et les Français ne sont pas informés de la situation des peuples premiers dans les Outre-mer. Dans les années 1980, la France a mis en place un système de concession et de cession de territoires au bénéfice des « communautés tirant traditionnellement leurs moyens de subsistance de la forêt », une expression bucolique permettant de passer sous silence l'existence de peuples autochtones dans notre ancienne colonie, devenue département français. Alors que ces terres appartenaient depuis des millénaires aux Amérindiens, la France, en nouveau propriétaire, s'est attribué le droit de délivrer des concessions à ces peuples pour leur permettre, dans sa grande générosité, de bénéficier de terrains pour la chasse, la pêche, la cueillette ou toutes autres formes de subsistance. Ces zones sont appelées des « Zones de droits d'usage collectifs ». Bien souvent trop petites ou mal situées, elles ne permettent pas aux habitants de respecter leur mode de vie traditionnel, d'autant plus que certains villages, autrefois éloignés des centres urbains, sont progressivement encerclés, voire engloutis par l'appétit des villes qui s'étalent. Aussi, sur

du village (en raison du caractère autrefois semi-nomade des peuples de Guyane), la justice et le règlement des conflits, la bonne gestion et attribution des terres.

les terres ancestrales que l'État n'a pas reconnues comme Zones de droits d'usage collectifs, des projets s'installent, grignotant peu à peu la forêt. Mines, centrales de biomasse, exploitations agricoles… Dans la situation actuelle, les peuples autochtones de Guyane ne disposent que de peu de moyens juridiques pour défendre leurs terres sacrées.

Voilà pourquoi la perspective d'une restitution d'une surface de 400 000 hectares prévue par l'accord du 2 avril 2017, génère chez les peuples autochtones un espoir considérable de voir leur condition s'améliorer. Mais la route est encore longue. Il faut d'abord mettre en place un office foncier et se mettre d'accord sur le fonctionnement de cette institution et des modalités de redistribution de ces hectares de terres. Il ne faut pas compter sur le zèle de l'État pour obtenir un quelconque soutien. À situation exceptionnelle, moyens exceptionnels. Notre démarche consistera à mettre autour de la table l'ensemble des représentants du monde amérindiens, des chefs coutumiers, des juristes, des cartographes… Le défi est de taille.

Un nouveau regard sur notre société

Juin 2017. Justement, je termine mon stage de professionnalisation au sein d'un cabinet d'avocats parisien spécialisé dans l'immobilier et la construction. Cette expérience m'est précieuse car, par le biais de l'association Nature Rights, je fais la connaissance d'Alexis Tiouka et d'Alexandre Sommer, deux juristes spécialistes des questions foncières. Ensemble, nous analysons les différents mécanismes juridiques potentiellement applicables à la situation exceptionnelle des accords de Guyane et de la promesse de restitution des terres amérindiennes, en nous inspirant d'avancées déjà obtenues par les peuples autochtones de Nouvelle-Calédonie dans ce domaine. L'objectif est de pouvoir conseiller au mieux les autorités coutumières dans la mise en place de l'office foncier amérindien.

Alexis appartient à la génération des leaders du mouvement autochtone qui s'est constitué dans les années 1980 et qui, pour la première fois, a uni les nations amérindiennes de Guyane pour réclamer des droits à l'administration française. Il a participé durant de nombreuses années aux négociations à l'ONU, militant activement pour l'adoption de la Déclaration sur les droits des peuples autochtones, un texte voté en 2007. Il aime se décrire comme un « petit guerrier pour la paix » et incarne à mes yeux la mémoire des luttes. Il m'enseigne des règles non écrites, émanant du savoir ancestral et régissant la vie sociale amérindienne, appelé le droit coutumier. Quant à Alexandre, il appartient à la nouvelle génération qui reprend le flambeau et se forme au sein des instances internationales pour alerter sur la situation des peuples autochtones en Guyane.

Je découvre avec eux un monde nouveau, en crise et malmené par l'administration française, mais avant tout un monde en résistance, défendant ses valeurs et son droit à exister. Même si les nombreuses injustices que je découvre au cours de ce travail me mettent souvent en colère, participer à la défense des droits des peuples autochtones est aussi une grande bouffée d'air frais contre la résignation ambiante.

En fait, depuis quelque temps, mon engagement militant ne répondait plus à mes aspirations. J'étais frustrée par un horizon d'action politique qui se limitait à des marches en manif, à brandir un drapeau et à m'époumoner contre Monsanto, Total, EDF et autres grands pollueurs. La courte adrénaline de se retrouver derrière des banderoles à clamer des slogans, cédait la place à la fatigue face à l'immobilisme des institutions. J'admire les meneurs de foules qui savent propager cette énergie collective propre à ces rassemblements militants, mais ces actions finissent par laisser un goût de trop peu. J'aspirais à d'autres formes d'engagement qui permettraient de mettre en place des solutions plus radicales et profondes, je recherchais une façon d'obtenir sur le long terme des victoires dans le combat contre les projets écocidaires de ces multinationales, pour sortir de cet état de lutte incessant et dégager l'horizon pour construire notre futur.

Trouver la bonne stratégie n'était pas si simple. Depuis deux ans déjà, je m'impliquais dans l'association Notre Affaire à tous. À l'époque, nous n'étions qu'une poignée de copines et de copains juristes, à la recherche de nouvelles jurisprudences capables de renverser le rapport de force. Un de nos premiers recours concernait la centrale nucléaire EDF de Flamanville. Je tentais par deux fois de faire stopper la mise en route de l'installation nucléaire en raison des défauts avérés de la cuve du réacteur. Nos arguments juridiques étaient d'une logique implacable. La France tentait de contourner les dispositions européennes et fonçait tête baissée malgré le fiasco technologique, financier et politique que ce projet représentait dorénavant. Un scandale d'État et pourtant le juge rejeta systématiquement nos requêtes.

Après huit années d'école de droit et deux actions en justice, je découvrais avec violence le fonctionnement de l'appareil judiciaire, qui au lieu d'être la formidable arène que j'espérais, broyait tous mes espoirs de voir un jour David gagner contre Goliath. Je compris à travers ces batailles juridiques perdues que s'attaquer devant la justice aux intérêts de l'État ou à ceux des grandes entreprises est voué à l'échec car le droit leur est en tout point favorable… Ces défaites sont dures à encaisser. Celles et ceux qui s'engagent pour défendre la nature le savent, la lecture des alertes scientifiques aiguise l'instinct de survie. Comment dès lors trouver des actions efficaces pour combattre ce sentiment d'impuissance ? Comme Nietzsche l'écrit dans *Crépuscule des idoles*, « Ce qui ne me tue pas me rend plus fort », et la rencontre avec les militants des droits de la nature et des peuples autochtones a été salvatrice. Enfin un nouveau souffle sur le plan intellectuel. Enfin je perçois comment stopper le manège ! Au lieu d'enchaîner les batailles perdues d'avance, j'ai le sentiment de commencer un nouvel apprentissage qui remet en question tout ce que j'avais connu jusqu'ici.

Avec eux, de nombreuses révélations mettent sens dessus dessous ma vision du monde. Allant de découvertes en découvertes, je cherche à comprendre comment d'autres peuples ont intégré la protection de la nature dans leurs coutumes. Comment ont-ils été capables de protéger leurs terres, leur eau, leur forêt, leur identité traditionnelle malgré des siècles de colonisation et d'assimilation forcée ? S'ils ont réussi à soigner leur lien à la nature, comment leur organisation sociale peut-elle nous inspirer de nouvelles solutions à la fois juridiques et politiques pour réécrire notre modèle de gouvernance ? Aux quatre coins du monde, les peuples autochtones luttent pour la protection de leurs terres ancestrales. Les Amérindiens de Guyane française opposés aux mines d'or, les Sioux rejoints par d'autres nations de « Water protectors » (« défenseurs de l'eau ») contre le Dakota Access Pipeline aux États-Unis, les Maoris de Nouvelle-Zélande face à l'altération de leur fleuve sacré, le Whanganui… J'ai le sentiment que je trouverai peut-être, en travaillant avec les militants des droits de la nature et des peuples autochtones, la raison pour laquelle on les appelle les « gardiens ». Ces peuples sont en première ligne d'une guerre de civilisations conduite par notre modèle occidental. Dans cette lutte, nous avons beaucoup à apprendre de leur culture et de leurs savoirs ancestraux qui leur ont permis de tenir bon, malgré le temps et les difficultés.

Auprès de ces peuples amazoniens, en observant les souffrances infligées par notre civilisation, j'apprends à nous voir avec leurs yeux. À leurs côtés, je veux réussir à comprendre la source de nos problèmes, les causes profondes de cette crise écologique et sociale, et peut-être faire émerger de nouvelles stratégies de lutte contre la destruction de la nature tout en soignant notre rapport au vivant. Pour cela, j'entrevois la nécessité de dépasser mes méthodes classiques de militantisme, les pétitions, les pancartes en manifs, les recours juridiques, aliénés par le temps court médiatique et politique, pour imaginer une forme d'engagement plus propice à l'émergence d'un nouveau modèle de société.

Le déclic

Fin 2017. L'ONG Nature Rights, dans le cadre de la création d'un programme de sauvegarde des savoirs traditionnels amérindiens, a été sollicitée par les représentants autochtones de Guyane pour mettre en place un accompagnement juridique en soutien au processus de restitution des terres promises par l'État français. L'association me propose un poste en Guyane créé à cette occasion pour me permettre de poursuivre le travail amorcé avec Alexis Tiouka, Alexandre Sommer et les organisations amérindiennes en métropole.

Au même moment, je décroche mon diplôme d'avocate qui me laisse entrevoir un horizon professionnel bien différent. Des piles de dossiers, des horaires de bureaux et une carrière bien ordonnée. Depuis le mois de septembre 2017, j'avais envoyé mon CV aux meilleurs cabinets d'avocat en droit de l'environnement et décroché plusieurs rendez-vous. Dire que je n'avais eu aucun coup de cœur serait un euphémisme. « Votre boulot les premières années consistera à vous rendre sur les chantiers, pour constater les avaries, les fissures dans les murs, les fuites d'eau. Vous défendrez les professionnels du bâtiment. Il faut se lever tôt le matin, mais c'est un poste de terrain. » Ce genre d'entretiens me déprimait profondément. Mes parents s'inquiétaient : « C'est bien d'aider les Amérindiens, mais ce n'est pas un travail, c'est un hobby ! Maintenant que tu as fait toutes ces années d'étude, il faut commencer à gagner de l'argent ». Je me souviens très bien du dernier entretien d'embauche sur ma liste. Je me rends à un cabinet d'avocats sur les Champs-Élysées. Dans un gigantesque hall de marbre et de miroirs, j'attends l'ascenseur, mon CV dans une pochette et je me regarde pour vérifier une dernière fois que ma tenue est bien ajustée. Arrivée à l'étage du cabinet, deux jeunes avocats m'accueillent. Une fille et un garçon, dans la trentaine, sympathiques, souriants. Ils partent chercher mon dossier et faire des cafés pendant que je patiente dans la salle de réunion. De la fenêtre, la vue sur les toits de Paris est magnifique et je profite de ces cinq minutes de calme pour imaginer ma vie si je devais venir travailler ici tous les jours. Comment ne pas se sentir supérieur au reste du monde quand on a une vue si près du ciel ? Mes deux confrères reviennent, s'installent, l'ambiance est détendue, ils semblent découvrir mon dossier et la liste de mes engagements militants. France Nature environnement, Notre affaire à tous, Or de question… Ils veulent en savoir plus sur mon parcours associatif, alors je leur explique que je mets mes compétences juridiques au service de luttes écologistes, en rédigeant des recours en justice. Mes deux interlocuteurs se regardent, complices. Ils se remettent à feuilleter mon dossier encore quelques instants. Finalement c'est elle qui prend la parole. Sans quitter son sourire poli, elle me regarde : « Vous savez, vous êtes chez les méchants ici… ».

C'est ainsi que j'ai pris ma décision : plutôt que le métro, je choisis la pirogue.

Chapitre 2

Voyage en territoire wayampi

Février 2018. Les yeux grands ouverts, je regarde par la fenêtre de la voiture à la recherche d'un indice. Où sommes-nous ? Impossible de savoir si la voiture s'est déportée et roule au milieu de la route ou si, au contraire, elle frôle le fossé. Là où se tenait devant nous il y a encore un instant la nationale 2, zigzaguant entre les immenses arbres de la forêt amazonienne, je ne distingue plus rien. La pluie tropicale s'est mise à tomber d'un coup. Je n'entends plus que le tambour de l'eau sur la carrosserie de notre petite auto qui avance à l'aveugle. Si quelqu'un arrive en face, c'est la collision assurée. J'essaie de penser à autre chose, mais les discussions se sont tues et les autres passagers semblent sérieux et concentrés. Heureusement, au bout d'une dizaine de minutes, la pluie s'arrête aussi soudainement qu'elle a commencé et les conversations reprennent de plus belle.

Nous étions onze ce matin au départ de Cayenne. Notre voyage est organisé dans le cadre du festival de cinéma itinérant Kuwenejai « Je te vois, je te regarde ». En pirogue, nous allons parcourir les hameaux les plus reculés de Guyane et proposer une programmation de films de réalisateurs amérindiens, ou qui traitent de problématiques en rapport avec le monde autochtone. Il s'agit de la première édition de ce festival monté de toutes pièces par le mouvement de la Jeunesse autochtone de Guyane dans le but de partager ce patrimoine cinématographique peu connu, même des premiers concernés. L'expédition doit durer huit jours et nous remonterons le fleuve Oyapock, la frontière naturelle qui sépare la France du Brésil, jusqu'aux villages de Trois-Sauts. J'accompagne ce voyage pour rencontrer les associations amérindiennes locales. L'objectif est de créer un réseau pour la préservation de l'identité et des savoirs amérindiens.

Nous avons donné rendez-vous aux membres de l'équipe sur la place des Palmistes de Cayenne, le point névralgique de la ville. Des bâtiments de l'Administration défraîchis et de vieux immeubles à la façade coloniale bordent l'immense place plantée de palmiers. Arrivée la veille de Paris, je découvre, sans trop savoir à quoi m'attendre, les rues du chef-lieu de ce département d'Outre-mer. À ma grande surprise, c'est une ville de béton, loin du décor de carte postale. Quelques vieilles maisons en bois, décolorées par le soleil et à la solidité douteuse, donnent encore un aperçu du passé. La ville ne regorge pas de touristes ou de flâneurs. Les quelques rares terrasses de café ou de petits restaurants en bord de route sont presque tous vides. Le soleil frappe le goudron défoncé. L'air est humide et lourd et la cité semble encore endormie.

Adossés à un petit muret, Massiri, mon collègue de l'association Nature Rights, Ti'iwan Couchili, une artiste amérindienne, Samia Maquigny, notre photographe et Hélène Ferrarini, une journaliste, attendent en papotant. J'en profite pour vérifier mon matériel. Une moustiquaire, un hamac, des cordes, une gamelle, c'est tout ce que j'ai pour partir en forêt. Puis le reste de l'équipe arrive, dans une petite fourgonnette. Je retrouve Christophe Yanuwana Pierre accompagné de Fabio,

Steven, Dylan, Richard et Jean-Jacques, tous membres de l'organisation Jeunesse autochtone de Guyane.

Nous montons en voiture. La route est sinueuse, dangereuse et monotone, jonchée de carcasses de voitures volées et abandonnées. Aucun réseau téléphonique. En cas de problème, peut-être que les orpailleurs illégaux seraient les premiers à croiser notre chemin. Ils sont nombreux à emprunter cette route pour ensuite disparaître dans la forêt, rejoindre les sites clandestins qui pullulent sur tout le territoire.

Après quatre heures de route, nous arrivons à Saint-Georges-de-l'Oyapock. La ville est déserte et la plupart des bâtiments donnent l'impression de littéralement pourrir sur place. Nous nous arrêtons dans un « hôtel-hamac ». Je défais mes affaires au milieu des chats rachitiques et des poules qui se baladent librement. Empêtrée avec plusieurs mètres de corde et mon attirail dans les mains, j'observe les autres, tentant maladroitement d'imiter leur manière de former les nœuds. Sans succès. Heureusement, une fois finie leur installation, ils viennent à mon secours l'air moqueur… Il faut que j'apprenne à me débrouiller, et vite, car il n'est pas question de passer pour une Parisienne en vacances pendant tout mon séjour.

Au départ de Saint-Georges-de-l'Oyapock

Le lendemain, Roger Labonte, le chef du village amérindien Espérance vient nous chercher pour nous conduire jusqu'au point du fleuve où nous prendrons la pirogue. Il appartient à la nation amérindienne palikur. Les Palikur sont un peuple vivant principalement dans l'est de la Guyane sur le fleuve l'Oyapock et au-delà de la frontière, dans le nord du Brésil. Ils sont aujourd'hui beaucoup moins nombreux que ne le sont les Kali'na, mais leur culture est très présente, notamment grâce à des initiatives comme celles du chef Labonte. En tant que président de l'association de son village, Matap Espérance, il s'engage énormément pour les jeunes et met en place des ateliers pour la transmission et la protection des savoirs traditionnels amérindiens palikur. La vannerie est une de leurs spécialités et ils vendent beaucoup de paniers tressés et de colliers de graines sur les marchés artisanaux.

La route à travers la forêt est boueuse et pleine de trous. Impossible de rouler à plus de 20 km/h, même avec un gros 4×4. Tout en conduisant, le chef Labonte nous explique qu'il a beaucoup de mal à obtenir de l'État les terrains agricoles indispensables aux villageois. Traditionnellement, chaque famille se voit remettre par le chef du village un hectare de terre, appelé un *abattis,* une petite parcelle familiale où planter du manioc et d'autres fruits et légumes pour subvenir à ses besoins. Il se démène depuis des années auprès de l'Administration pour faire avancer les démarches d'agrandissement du village, mais la situation est bloquée. Roger Labonte n'est pas le seul dans ce cas-là. En Guyane, 90 % des terres appartiennent à l'État et, alors que les autorités amérindiennes sont censées bénéficier du régime des Zones de droits d'usage collectifs, la réalité montre que leurs dossiers attendent parfois depuis plusieurs dizaines d'années. Le chef est visiblement très préoccupé. Le village s'est agrandi et pour garder son mode de vie traditionnel, il faut que chaque famille ait suffisamment de terres pour cultiver de quoi se nourrir. Sans quoi elles seront contraintes de trouver du travail en ville et de faire leurs courses alimentaires dans des supermarchés.

J'ai du mal à me concentrer sur les détails des explications de Roger sur la vie du village. Ma première nuit dans le hamac n'a pas été franchement reposante et je suis exténuée. Les yeux rivés sur la forêt qui nous entoure, je décroche de la conversation. Sur la piste, les branches nous frôlent, je distingue à peine la cime des arbres centenaires. La lumière tisse une toile, accrochée dans la canopée, à trente mètres du sol. J'ai le sentiment que la voûte de l'Amazonie se referme lentement sur nous. Bercée par les soubresauts de la voiture, je commence à m'endormir.

Mais d'un coup, la forêt disparaît pour faire place à de grandes parcelles rases, et d'immenses amas de troncs d'arbres gisent là, entassés le long du sentier. Les quelques arbres qui restent debout au milieu de ce carnage font de la peine à voir. Certains, centenaires, ont été arrachés par les bulldozers et abandonnés là. C'est comme si un ouragan avait broyé toute la forêt sur son passage. Comment et pourquoi ces arbres majestueux sont-ils à terre ? Je demande au chef Labonte de m'expliquer. Saint-Georges-de-l'Oyapock compte parmi les plus gros « gisements de biomasse » du territoire, terme utilisé pour l'ensemble des matières organiques qui peuvent être transformées en énergie, et notamment le bois, les feuilles, les déchets agricoles… Le secteur de « l'énergie verte » est une perspective financière qui attire de nombreux investisseurs. Pour la collectivité territoriale de Guyane, c'est une aubaine puisque la forêt couvre environ 95 % du département. Son président, M. Rodolphe Alexandre s'est d'ailleurs lancé dans une grande opération de communication pour obtenir une dérogation aux normes européennes. L'Europe interdit en effet de couper des forêts dites primaires, c'est-à-dire, où aucune trace d'activité humaine n'est visible et où les processus écologiques ne sont pas perturbés. Centrales dans la lutte contre le réchauffement climatique, les forêts emmagasinent 20 à 50 fois plus de CO_2 que n'importe quel autre écosystème. En milieu tropical, cette capacité de stockage augmente encore : la forêt amazonienne capte ainsi 50 % de carbone de plus que les autres surfaces boisées. Faire de « l'électricité verte » en brûlant notre poumon vert est une hérésie, prohibée par les règles européennes. Les hommes politiques de Guyane le savent bien et sollicitent Bercy pour les aider à obtenir une dérogation officielle. Ainsi, leur projet est de toucher les subventions européennes tout en verdissant leur image avec la promotion de cette fausse énergie écolo et locale.

Au bout de deux heures de route, soudainement les 4×4 s'arrêtent. Le fleuve est juste devant nous. Mais le piroguier qui devait nous récupérer n'est pas encore au rendez-vous et j'en profite pour me dégourdir les jambes. Nous sommes à Saut Maripa et c'est d'ici que partent toutes les pirogues qui remontent l'Oyapock. Les « sauts » sont des zones de rapides où la roche volcanique présente sous le fleuve affleure la surface de l'eau et où le courant s'accélère. Du rivage, les premiers rochers sont accessibles. Le fleuve est sombre et l'eau gronde en s'écrasant sur ces grands blocs noirs. Il est tôt et la brume qui ne s'est pas encore levée, donne à ce lieu un air mystique. Nous nous asseyons sur cette roche humide pour profiter d'un moment de répit.

L'Oyapock compte de nombreux sauts plus ou moins faciles à franchir selon la période de l'année. Lorsque l'eau est haute, comme aujourd'hui, elle recouvre les blocs rocheux. Les bons piroguiers qui connaissent leur emplacement, slaloment alors entre ces obstacles invisibles le long du fleuve. À la saison des pluies, neuf heures suffisent pour rejoindre les villages de Trois-Sauts, à l'autre bout de la Guyane. Mais lorsque l'eau est basse, le voyage sur l'Oyapock peut durer plusieurs jours, car il faut décharger la pirogue pour franchir les sauts à pied. Un périple extrêmement long et épuisant.

Après plus d'une heure d'attente au bord de l'eau, notre piroguier arrive enfin. Son nom est Jacques. Il y avait une grande fête au village la veille au soir et il ne s'est pas réveillé, nous explique-t-il. Il est plutôt sportif et élancé, souriant ; il a la réputation d'être le meilleur navigateur de l'Oyapock. Pour les longs déplacements, sa femme l'accompagne. En tout, nous sommes treize à embarquer dans cette pirogue bien remplie.

Le démarrage est impressionnant. Alors que tout était calme quelques instants auparavant, d'un coup, le bruit du moteur et le souffle du vent de face viennent hurler dans mes oreilles. Les remous du fleuve sont forts et il faut naviguer à contre-courant. Jacques, le piroguier, prend de la vitesse pour passer les sauts. Notre embarcation frôle les blocs rocheux à toute allure. Certains sont arrondis, mais d'autres sont longs et fins, de véritables lames de pierre. Le paysage défile et j'admire la nature. Les « gros bec », c'est le nom des toucans, filent au-dessus des cimes et volent d'une rive à l'autre. Le fleuve fait près de 300 mètres de large. C'est une immense colonne d'eau qui nous ouvre un chemin à travers la forêt. Près de la rive, les lianes laissent leurs grosses cosses noires frôler la surface de l'eau. Happées par le courant, elles commencent un nouveau voyage jusqu'à s'échouer sur les berges avant de germer. Dans les branches, les nids tressés par les oiseaux caciques cul-jaune ressemblent à des fruits bien mûrs qui pendent à la vue de tous.

Je suis assise à côté d'Hélène Ferrarini, la journaliste, qui m'explique la raison pour laquelle elle a tenu à se joindre à nous pour cette expédition. Son premier livre, *Petit guerrier pour la paix*[1], coécrit avec Alexis Tiouka, retraçait l'histoire des luttes amérindiennes, mais elle travaille maintenant sur un ouvrage consacré aux homes indiens, les internats catholiques où étaient envoyés les enfants autochtones. Comme dans beaucoup d'autres États colons, les internats catholiques ouverts en Guyane en 1950 ont été un outil d'acculturation rapide. Sous prétexte de leur fournir une éducation à la française, les sœurs prenaient en charge les enfants natifs, ainsi coupés de leur culture et de leurs structures sociale et familiale. Remplacés dans les années 1970 et 1980 par des internats publics, les

1. Hélène Ferrarini et Alexis Tiouka, *Petit guerrier pour la paix. Les luttes amérindiennes racontées à la jeunesse (et à tous les curieux)*, éditions Ibis rouge, 2017.

connaissances sur l'histoire des homes sont aujourd'hui lacunaires. Les bonnes sœurs refusent pour la plupart de lui parler, alors Hélène a rencontré d'anciens pensionnaires et écouté leurs histoires parfois douloureuses, empreintes de racisme colonial. Ce voyage est l'occasion pour elle d'aller à la rencontre d'Amérindiens passés par ces institutions et qui vivent dans les villages les plus éloignés de Guyane. Ils ne sont plus tout jeunes aujourd'hui et leur histoire disparaîtra avec eux si personne ne la documente.

Nous arrivons au village de Camopi à la mi-journée. Pour nous restaurer et faire les dernières courses, nous faisons une halte en face, sur la rive brésilienne où se trouve un village appelé Vila Brasil. Les prix y sont beaucoup moins élevés car c'est une arrière-base des *garimpeiros*, les orpailleurs illégaux venus du Brésil. Les boutiques vendent tout le nécessaire pour monter une mine d'or clandestine : des groupes électrogènes, des pompes à eau, des tuyaux et toutes sortes de bâches et d'outils… Nous nous trouvons à quelques mètres à peine de la frontière française et pourtant les orpailleurs peuvent venir faire leur marché en toute impunité. À cette heure de la journée, le village construit sur pilotis est calme. Nous nous asseyons à une table pour commander une *feijoada*, un plat brésilien typique, composé de riz, de haricots rouges et d'un peu de viande. L'ambiance est particulière. Les habitants nous dévisagent, curieux ou hostiles, impossible de savoir. Quand la nuit tombe, ce petit village endormi de 300 habitants se transforme en lieu de débauche prisé par les orpailleurs pour les trafics en tout genre. Entraînant avec lui la prostitution, les drogues, l'alcool, la criminalité et la pollution, l'or a profondément modifié le mode de vie traditionnel des peuples wayampi et teko qui ont longtemps vécu isolés sur le fleuve.

Nous repartons sur notre pirogue, mais notre capitaine nous annonce que nous ne pourrons pas faire le trajet jusqu'à Trois-Sauts en une seule fois, nous sommes partis trop tard ce matin. À la nuit tombée, nous sommes donc forcés de nous arrêter dans un campement, judicieusement appelé « Carbet mi-temps ». Le *carbet* est le nom donné à l'abri traditionnel amérindien, en bois et sans murs, dont les poutres sont agencées de manière à accrocher facilement les hamacs. Sur cette petite parcelle défrichée sur la rive du fleuve, habite la famille Yawalou. Un monsieur déjà assez âgé, sa femme et plusieurs de leurs filles se partagent deux cabanes en bois sur pilotis, ainsi que deux carbets. L'un sert de cuisine, l'autre ressemble à un atelier. Nous y accrochons nos hamacs. Sur place, la seule commodité est une pompe manuelle, qui puise l'eau potable de la nappe phréatique. Pas de douche, pas de toilettes, juste un feu qui nous permet de cuisiner un repas à base de boîtes de conserve, puis nous filons nous coucher, épuisés. C'est la première fois que je m'endors dans une forêt tropicale, alors, un temps, j'écoute le mélange de tous ces sons d'insectes, d'oiseaux nocturnes, de grenouilles. La vie est partout autour de nous, la forêt ne dort jamais.

Il a plu toute la nuit. Le matin, le ponton auquel nous avions accroché notre pirogue a disparu sous l'eau. Tout est trempé et glissant. Alors que j'essaie de rejoindre la pirogue en me tenant à la rambarde du ponton, mes pieds dérapent, je tente en vain de me retenir à la barre que j'arrache en tombant et je me retrouve les fesses dans l'eau. Cela fait bien rire les Amérindiens. J'ai mal, mais je suis surtout extrêmement gênée d'avoir détruit une partie du ponton de cet homme qui nous a si gentiment accueillis… Il me regarde, mais je ne distingue aucun mécontentement. Il semble que ma maladresse le laisse finalement assez indifférent. J'ai le sentiment qu'ici, en forêt, la vie n'a plus la même dimension, comme si les habitants de ce territoire s'en remettaient entièrement à la nature. « À chaque jour suffit sa peine » semble être le proverbe qui décrit le mieux ce caractère local qui m'est encore énigmatique.

L'orage repart de plus belle. Sur la pirogue, nous nous abritons sous une grande bâche noire que nous avions achetée à Vila Brasil. Nous avons encore une demi-journée de voyage devant nous et la pluie ne nous laisse aucun répit. Jacques, imperturbable, continue à naviguer sous les trombes d'eau. Il s'est confectionné un imperméable à partir d'un simple sac-poubelle dans lequel il a percé trois trous pour passer la tête et les bras. Alors que l'eau nous fouette le visage et qu'il est désormais impossible de distinguer quoique ce soit à plus de dix mètres, il continue à slalomer sur le fleuve. Même si j'essaie de me convaincre que je suis entre de bonnes mains, au fond, je ne suis pas rassurée. De lourdes gouttes de pluie tombent du ciel et s'infiltrent partout, les courants du fleuve forment de grands tourbillons, la nature est si puissante, et moi si vulnérable. De temps à autre d'affreux crissements contre la coque résonnent. Je me recroqueville sous la bâche, allongée sur le plancher de la pirogue et j'attends.

Zidock, un village au cœur de la forêt

Au bout de trois heures environ, Jacques finit par accoster la pirogue sur la rive de Zidock, l'un des villages du secteur de Trois-Sauts. Au bord de l'eau il y a un petit carbet au toit de tôle où quatre femmes wayampi sont en train de faire cuire de grandes galettes de manioc, des *cassaves*. Elles sont vêtues d'un seul carré de tissu coloré attaché autour des hanches et répartissent à mains nues la pulpe de manioc, râpée et pressée, sur une grande plaque de métal circulaire sous laquelle brûle un feu. Concentrées sur leur préparation, elles ne se laissent pas distraire par notre arrivée.

Gaël Walacou, jeune père dynamique très impliqué dans la vie de sa communauté, vient à notre rencontre. Président de l'association locale KOÏPEEWÃKÕ, « le peuple lointain » en langue wayampi, il est content de nous accueillir et de nous faire visiter le village. Son organisation rassemble les jeunes de Trois-Sauts et élabore des projets communautaires pour la transmission des savoirs traditionnels, la prévention de la pollution de l'environnement et l'accès au numérique. Gaël est également membre de la Jeunesse autochtone de Guyane et c'est grâce à son soutien logistique que le festival de cinéma a été organisé. Il a prévenu les chefs et les habitants de notre arrivée.

Loin de l'image un brin idyllique de ma première rencontre avec ces femmes sur le fleuve, la visite du village en compagnie de notre hôte se révèle consternante. Depuis plusieurs années, l'école du village n'a plus de courant. Les installations électriques sont envahies par des plantes grimpantes, recouvertes de végétation et hors service. Je glisse la tête à l'intérieur de la salle de classe et j'aperçois des chauves-souris qui ont apparemment investi les lieux à la place des enfants. La maison normalement réservée aux profs est tellement délabrée que personne ne reste en poste ici. Je rencontre Loïc, un jeune professeur arrivé au village il y a dix jours, qui me montre son logement de fonction, un cabanon à une dizaine de mètres de l'école. Une telle chose serait inconcevable en métropole, mais ici, la République est aux abonnés absents. Les réparations ne sont pas faites, les profs démissionnent rapidement et les élèves sont laissés pour compte.

Une première projection a lieu le soir même de notre arrivée. Adultes et enfants arrivent à la tombée de la nuit, certains par les petits chemins qui conduisent au village, d'autres en pirogues. Nous avons installé un écran sous un carbet et aligné des bancs, mais le nombre de places assises est rapidement atteint et les nouveaux arrivants se serrent, les aînés prenant les plus petits sur leurs genoux. Intitulé *La Terre des hommes rouges*, le film raconte la lutte des peuples autochtones du

Brésil, chassés de leurs terres par les agriculteurs blancs. Il fait nuit noire et debout dans un coin, je regarde les visages silencieux et concentrés des enfants, éclairés par la lumière renvoyée par l'écran. Pour beaucoup, c'est certainement la première fois qu'ils voient un film sur un grand écran.

À l'inverse des clichés véhiculés par le cinéma occidental mêlant fantasmes d'aventure coloniale et stéréotypes racistes, ce film expose sans filtre les discriminations et l'exil subis par les Guarani-Kaiowa dans le Mato Grosso. Il dénonce les souffrances liées à la colonisation, les suicides, le vol des terres, la perte des savoirs ancestraux. À la fin du film, les membres de la Jeunesse autochtone essaient de lancer un débat avec le public mais l'ambiance est pesante et les prises de parole sont laborieuses. Difficile de dire si la projection a plu aux spectateurs. Quelques jeunes restent un peu pour discuter mais les parents s'éclipsent rapidement avec les plus petits. Je pense que le film a éveillé chez eux des sentiments que leur pudeur ne leur permet pas de partager avec nous, sans que nous ayons pu apprendre à mieux nous connaître. Pour les jeunes qui ont organisé le festival, c'est un peu décevant, mais nous sommes tous conscients que nous avons encore beaucoup à apprendre ici.

Sampula et *cachiri* pour faire la fête

La journée, la vie au village est tranquille. Matin et soir, les familles descendent la serviette à l'épaule se baigner dans les eaux du fleuve. Il faut glisser lentement dans l'eau, chercher un endroit où le courant n'est pas trop fort pour pouvoir s'asseoir et profiter du calme et de la vue. C'est au petit jour que la baignade est la plus belle, lorsque la forêt dort encore. Le ciel est rose et la brume glisse entre les arbres. Les chants des oiseaux sont comme atténués par la rosée du matin, quelques pirogues de pêcheurs quittent les rives du fleuve, portées par le courant et s'éloignent sans bruit.

Nous sommes invités au village Bambou, à quelques kilomètres de Zidock. Le chef, Jacky Pawey, nous propose de venir partager le *cachiri*, une boisson fermentée de manioc très légèrement alcoolisée. Fabriquée par les femmes, elle est servie à l'occasion des grands événements, des cérémonies, mais aussi des moments partagés en famille. Sous le carbet communautaire, la grande hutte où se rassemble tout le village, nous sommes assis en cercle. De petits groupes se forment, les habitants sont curieux d'en apprendre plus sur nous et *vice versa*. Les jeunes Kali'na de Jeunesse autochtone posent beaucoup de questions. C'est la première fois qu'ils font un aussi long voyage, de Saint-Laurent-du-Maroni jusqu'à l'extrémité sud de la Guyane. Les occasions de faire connaissance sont rares car les déplacements sont bien trop coûteux pour ces jeunes pourtant avides d'en savoir plus sur leur histoire commune. Cette rencontre est l'occasion pour eux de partager leur culture et leurs traditions. Ironie de l'histoire, si les Wayampi et les Kali'na parlent deux langues différentes, c'est grâce à la langue du colon qu'ils peuvent se comprendre.

Parmi les jeunes Kali'na, Jean-Jacques est venu du village Terre-Rouge, à quelques kilomètres de Saint-Laurent-du-Maroni pour en apprendre plus sur l'art traditionnel wayampi. À vingt ans, il a plaqué ses études de droit à l'université de Cayenne pour se consacrer entièrement à l'apprentissage de la vannerie et des chants autochtones. Son déclic est venu quand il a réalisé que les derniers porteurs de savoirs de son peuple étaient en train de s'éteindre. C'est grâce aux trois « anciens » de son village qu'il a pu apprendre et ce voyage est pour lui l'occasion d'échanger avec d'autres artisans. Jean-Jacques veut tout savoir : comment les villageois fabriquent-ils les petits bancs de bois sculptés ? Comment tissent-ils les plumes au bout des flèches ? Quel nom donnent-ils à leurs vanneries et que représentent les motifs qu'ils utilisent sur leurs objets traditionnels ? Nos hôtes sont ravis de répondre à toutes ces interrogations car les jeunes de Trois-Sauts ne s'intéressent malheureusement plus tellement à ces choses-là.

Il faut dire que Jean-Jacques est également un excellent chef d'orchestre et il est d'ailleurs venu avec un tambour traditionnel kali'na, le *sampula.* Lourd et volumineux, l'instrument en bois recouvert de peau est décoré de dessins géométriques traditionnels, combinant lignes et arcs de cercle qui représentent l'os de biche, symbole de la vie. Jean-Jacques suspend le *sampula* par une corde à la poutre centrale du carbet et entonne un chant. Sa belle voix grave retentit à chaque fois que le bâton de bois poli frappe la cadence. Sous le carbet, les jeunes Kali'na s'agitent. Main dans la main, ils forment plusieurs lignes face à leur chef d'orchestre. La pulsation du tambour donne le rythme aux danseurs qui, sans se déplacer, tapent du pied à gauche puis à droite, balancent leurs bustes et leurs bras, courbés vers le sol pendant que la voix du chanteur scande chaque couplet. Mais lorsque Jean-Jacques arrive au refrain, les danseurs se redressent et chantent avec lui un air qui se finit en cris d'allégresse. Malgré son grand âge qui l'empêche de se pencher, le chef Pawey rejoint les danseurs. L'ambiance est à la fête et au partage.

Sous le carbet, les femmes vont et viennent pour servir le *cachiri.* Tout le monde boit dans la même calebasse, un bol fait à partir du fruit du calebassier qui, vidé et séché, peut contenir au moins un demi-litre de boisson. Chaque personne doit boire et si possible d'un trait, pour que les autres soient servis rapidement. On m'a prévenue que le *cachiri* est un moment de partage et qu'il est donc très impoli de refuser quand on est invité à le boire. Une jeune fille vient se planter devant moi et me tend la calebasse pleine. Avec quelques doutes sur mes capacités, je prends une grande respiration et essaie de boire le plus possible de ce liquide blanchâtre et épais. Surprise qu'il soit si frais et désaltérant, je peine malgré tout et m'y reprends à trois fois pour finir ma portion. J'ai à peine le temps de souffler que le deuxième service arrive. Au bout du troisième, je ne sais plus comment faire pour y échapper. L'homme assis à côté de moi me voit un peu désemparée et me montre sa technique. Il ne prend qu'une gorgée et il se débarrasse du reste de la boisson en la jetant derrière lui d'un geste rapide. Une astuce pour rester sobre m'explique-t-il, sinon il ne pourrait pas aller chasser. Je suis ses instructions en vidant furtivement mon bol puis je m'éclipse avant le quatrième service en suivant un groupe qui rentre à Zidock. Honnêtement, j'ai rarement eu une gueule de bois aussi violente ! Le taux d'alcool n'est pas très élevé, à peine 3°, mais en boire dans de telles quantités et avec cette chaleur, impossible. Je tombe au fond de mon hamac pour ne plus en sortir de l'après-midi.

La chasse, une question de survie

Le lendemain matin, un chasseur arrive très tôt au village. Il a passé la nuit en forêt pour abattre un maïpouri, le nom local du tapir, mammifère proche du sanglier avec une petite trompe à l'avant de la tête. Sa prise est tellement énorme qu'il est incapable de la transporter seul. Grâce aux jeunes qui viennent lui prêter main-forte, la carcasse est vite découpée en morceaux et disposée dans des *catouris*, des hottes tressées de feuilles pour porter les pièces de viande à travers la forêt. À leur arrivée, ils sont accueillis par les femmes qui les attendent pour préparer le repas du midi. La production d'électricité étant beaucoup trop instable au village, il n'y a pas de congélateur. Aussi, quand un animal de grande taille est abattu, il est partagé entre les familles pour que rien ne soit perdu.

Du fait de leur isolement, les Wayampi sont sûrement le peuple qui a le mieux conservé son mode de vie traditionnel en Guyane. Aujourd'hui encore, l'accès à cette portion du territoire est fortement restreint. En effet, les villages des Wayampi se trouvent dans la zone autrefois appelée l'Inini. Historiquement, cette démarcation spéciale a été créée en 1930, à une époque où les membres des communautés amérindiennes qui avaient réussi jusqu'ici à limiter leurs contacts avec les colons en se retirant dans la forêt sont devenus des citoyens français. Les premiers programmes de protection de ces peuples, encore considérés comme des administrés avec un statut différencié, sont alors progressivement mis en place. Puis, en 1949, la France crée le Service des populations primitives, chargé d'élaborer des politiques spéciales afin de respecter la structure sociale traditionnelle amérindienne dans les villages et ainsi éviter un mélange entre les peuples autochtones et les autres habitants. En revanche les enfants sont conduits dans les homes afin de recevoir une éducation à la française.

Même si l'isolement des villages avait jusque-là préservé les premiers habitants de l'influence du monde occidental, des aventuriers, attirés par l'exotisme de la destination n'ont pas tardé à organiser des incursions en territoire autochtone. À la suite de l'expédition du célèbre Raymond Maufrais, dont la disparition brutale et mystérieuse sur le fleuve Oyapock a donné lieu à l'invention d'histoires romanesques, l'Administration crée en 1970 un statut particulier pour les terres de l'intérieur de la Guyane : la Zone d'accès réglementé. En instaurant un régime d'accès sous condition à la partie sud du territoire, l'objectif était de tenir éloignés les explorateurs hasardeux, inconscients des dangers de l'Amazonie et ainsi de prévenir de futures fastidieuses missions de secours. Plus tard, des préoccupations d'ordre sanitaire et social sont venues s'ajouter aux motifs sécuritaires. En effet, des opérateurs touristiques, proposaient des excursions dans les villages de l'intérieur pour observer la vie des Amérindiens… Une offre de safari colonialiste et voyeuriste aux conséquences dramatiques sur le mode de vie traditionnel et la santé des habitants des villages. Grâce à l'application du régime de Zone d'accès réglementé, ce genre de business n'est plus toléré aujourd'hui. Pour être autorisé à se rendre dans les villages du Haut Oyapock, il est nécessaire de se déclarer auprès des services de la préfecture de Guyane, d'envoyer au plus tard un mois avant le départ un certificat médical de bonne santé, la copie d'une pièce d'identité, le nom du piroguier, les étapes prévues et les modalités d'hébergement sur le fleuve.

Ces restrictions d'accès ne s'appliquent pas qu'aux personnes. La Préfecture est également très regardante sur l'arrivée de nouvelles technologies dans les villages. Prétextant des risques comme les électrocutions et les incendies provoqués par des branchements électriques parfois douteux, ces contrôles sont également liés au fait que l'utilisation de ces technologies importées conduit à des changements sociétaux aux conséquences parfois imprévisibles. Les téléphones portables sont de formidables outils de connexion avec le monde par exemple, mais un jeune me confie que les adolescents ont ainsi accès à des contenus violents ou des vidéos pornographiques. Le choc de civilisation est grand, comment savoir quels seront les effets sur ces générations déracinées ?

En effet, toutes les précautions de la Préfecture semblent en décalage avec la politique de scolarisation forcée qui s'applique aux jeunes Amérindiens. Faute pour l'Éducation nationale de leur permettre de suivre l'enseignement prévu au collège ou au lycée dans leur village, ceux-ci doivent partir. Séparés de leurs parents, placés dans des familles d'accueil ou des internats dans des villes qu'ils découvrent parfois pour la première fois, c'est un grand bouleversement. Maltraitance, manque de nourriture et d'hygiène, les scandales ne sont pas rares. L'administration française entend leur fournir la même éducation qu'à tous les petits Français et pourtant le constat est sévère : dans ces conditions, le taux d'échec scolaire est très élevé, de nombreux jeunes tombent dans la criminalité pour subvenir à leurs besoins financiers. S'ils reviennent au village, c'est souvent avec le sentiment d'avoir échoué à s'intégrer dans le modèle occidental. Cet arrachement brutal à leur monde crée également une rupture dans la transmission des savoirs traditionnels. Les jeunes se désintéressent de la fabrication des pirogues, des vanneries et de leur culture ancestrale. En décalage avec les anciens, ils se mettent en marge de leur communauté et on estime le taux de suicides de 8 à 10 fois supérieur chez les jeunes Amérindiens par rapport à celui des jeunes métropolitains. Ce phénomène est bien connu des autorités publiques puisqu'en 2015 déjà, la sénatrice Aline Archimbaud et la députée Marie-Anne Chapdelaine remettaient un rapport dénommé « Suicides des jeunes Amérindiens en Guyane française : 37 propositions pour enrayer ces drames et créer les conditions d'un mieux-être », dans lequel était évidemment mise en avant l'importance de créer des infrastructures scolaires dans les villages et de former des enseignants amérindiens pour protéger ces enfants. Je m'interroge sur la cohérence entre la protection de leur mode de vie assurée dans la Zone d'accès réglementé et la brutalité du monde dans lequel ils sont plongés dès l'enfance sans la protection de leurs parents.

Nous passons nos journées avec les anciens et des membres de l'association KOÏPEEWÃKÕ à parler du tissage, de la fabrication des flèches, de la sculpture des bancs traditionnels, et de toutes sortes de choses sur la vie au bord de l'Oyapock. Gaël souhaiterait construire un carbet dédié à la culture et au numérique, et mettre des ordinateurs à disposition des habitants pour leur permettre de se connecter au reste du monde, chercher du travail et s'informer tout en étant au village. Il a déjà trouvé et défriché un terrain pas très loin du fleuve. Trois amis le soutiennent dans ce projet et ils veulent convaincre d'autres jeunes du village de s'investir. L'association Nature Rights s'est engagée à le soutenir et nous passons donc en revue avec lui ses besoins et les moyens que nous pouvons mettre à sa disposition.

Mais entre ce jeune papa plein d'espoir pour sa communauté et les autres jeunes du village, il y a un certain décalage. Difficile de connaître leurs aspirations. Comme la plupart des adolescents, ils traînent en groupe, principalement la nuit. Sapés comme dans les clips de rap américain, grosses chaînes dorées, Nike blanches toutes neuves, ils branchent sur des générateurs qui fonctionnent au pétrole de grandes enceintes qui crachent les mêmes musiques en boucle. Certains soirs, leurs fêtes un peu trop alcoolisées empêchent tout le village de dormir. Curieusement, personne ne semble oser leur faire de remarques ou de reproches. J'ai le sentiment que les adultes ont trop peur de provoquer des querelles ou d'autres suicides. Décidément, la fracture entre les générations pèse sur la résilience de ce peuple dont la culture pourrait bien être en sursis. Gaël reste malgré tout positif : son projet permettra de créer des passerelles entre les jeunes et le monde extérieur, tout en les réconciliant avec la vie au village.

Ces quatre jours ont été un choc. J'avais connaissance avant de partir des problématiques locales, du désarroi des jeunes sur le fleuve et des difficultés à monter des projets pour protéger l'identité et la culture des peuples autochtones de Guyane. Mais en venant sur place, j'ai réellement compris l'urgence et la gravité de la situation. J'apprends que c'est la première fois qu'une juriste vient jusqu'à eux pour écouter leurs besoins. D'ailleurs, les demandes de conseils affluent. Comment faire pour avoir plus de budget pour l'école ? Quelles démarches entreprendre pour faire réparer l'éclairage public ? Mais la question qui préoccupe le plus les habitants en ce moment, c'est l'instauration d'un permis de chasse. Gaël Walacou a réuni les chefs des autres villages et les chasseurs pour parler des récentes annonces de la Préfecture à ce sujet. Dans quelques mois, l'Administration entend rendre obligatoire l'obtention d'un permis de chasse pour pouvoir acheter des armes et des munitions. Des représentants de la Préfecture sont venus leur annoncer que si les habitants en faisaient la demande rapidement, le permis leur serait remis gratuitement et sans examen préalable. Beaucoup se sont résignés mais sont en colère car ils ont l'impression qu'on leur a forcé la main. Ils veulent connaître leurs droits. Ici, la chasse n'est pas un divertissement, c'est un moyen de survie. Or, sans les avoir consultés, c'est l'Administration française qui s'attribue désormais la compétence d'autoriser les peuples autochtones à chasser sur leur territoire ancestral. Alors qu'ils grandissent au cœur de la forêt, la France veut leur faire passer un examen pour tester leurs connaissances de la faune et de la flore de Guyane. Tout cela est complètement loufoque. J'essaie malgré tout de répondre du mieux possible aux questions des chefs, en expliquant ces nouvelles règles votées de l'autre côté de l'Atlantique. Qui s'est soucié des conséquences de ces mesures ?

J'aimerais rester plus longtemps. Quatre jours, c'est si court et j'ai encore beaucoup de choses à apprendre ici. Mais la pirogue du festival repart et il faut rentrer à Cayenne. Le travail est loin d'être fini, Gaël compte sur nous pour réaliser son projet. Durant le trajet du retour, je m'interroge sur la situation des hommes et des femmes que je viens de rencontrer et sur le respect de leurs droits les plus élémentaires. Dans cette Zone d'accès réglementé, à l'abri des regards, j'ai le sentiment que nos concitoyens amazoniens sont isolés, enclavés et abandonnés. Enfants et adultes sont traités comme des citoyens de seconde zone.

Cayenne, en territoire hostile

Peu de temps après mon retour sur le littoral, la Préfecture nous invite pour une réunion avec Gaël Walacou. L'objectif annoncé est de mettre en place un partenariat pour l'aider à réaliser un carbet pour les jeunes du village de Zidock. Nous sommes attendus dans les locaux de la Cellule régionale pour le mieux-être des populations de l'intérieur (CERMEPI), le nouveau nom du Service des populations primitives.

Le bureau se résume à un petit espace où sont coincées deux tables et quatre chaises. Sur les murs, des photos de femmes et d'hommes amérindiens en tenues traditionnelles égayent un peu la pièce. Nous nous installons du mieux possible et commençons par présenter l'association Nature Rights et le projet de réseau des initiatives autochtones. Mais ce que je pense être une réunion constructive se transforme rapidement en interrogatoire. On nous questionne sur l'objectif de notre expédition dans l'intérieur des terres. L'ambiance est tendue, je comprends qu'on essaie de trouver quelque chose à nous reprocher. Puis vient le sujet du permis de chasse : pourquoi ai-je parlé de cela avec les habitants de l'intérieur ? Je fais profil bas et Gaël tente de me défendre, expliquant qu'il avait lui-même organisé cette réunion avec les chefs pour leur permettre d'y voir plus clair sur le sujet. Mais le pauvre est remis à sa place immédiatement : « Le permis de chasse, c'est bon pour vous » lui assène la représentante de la CERMEPI derrière son bureau. Je reste le plus calme possible sur ma chaise, ravalant ma fierté et laissant passer ce flot de reproches et les accusations d'avoir tenté de manipuler les Amérindiens. On me menace de ne plus jamais obtenir l'autorisation de retourner en terre wayampi. Quand la responsable en finit avec moi, elle se tourne vers Gaël : s'il continue à travailler avec l'association Nature Rights, il n'aura plus le soutien de la Préfecture pour son projet. La discussion est close. Nous sortons en silence.

Gaël me lance un regard gêné, il me demande pardon pour ces ennuis. Il n'y est pour rien, le pauvre.

Cette injustice et cette humiliation ont fait naître en moi un sentiment de colère qui a longtemps nourri mon action. À travers cette triste expérience, j'ai compris très concrètement que le droit français et l'administration locale au fonctionnement néocolonial continuaient à maintenir un système brutal d'oppression et d'invisibilisation des peuples autochtones. Notre association a rapidement perdu l'ensemble de ses partenaires, qui, contactés les uns après les autres par la Préfecture ont, comme Gaël, été menacés d'être privés de toutes subventions. Au lieu de chercher à apprendre de ces peuples, de s'inspirer de la sagesse de leurs anciens et de l'intelligence de leur organisation sociale, la tutelle paternaliste de l'État met en danger leur survie. Alors que la crise écologique révèle chaque jour l'ampleur des failles de notre société, il serait temps de faire preuve d'humilité et de respect pour ces sociétés qui ont su préserver leur lien à la Terre.

Chapitre 3

Le rêve d'une terre autochtone

Mars 2018. La situation de l'association face aux autorités locales est difficile mais ma mission se poursuit aux côtés des organisations autochtones et des chefs coutumiers. Les discussions quant à la distribution des 400 000 hectares de terre promis par l'État français sont intenses. Tout le monde s'interroge et personne ne s'entend sur la façon de répartir ces terres entre les six nations autochtones[1]. Le protocole d'accord signé entre la ministre des Outre-mer et les représentants autochtones n'apporte aucune précision sur la marche à suivre. C'est une opportunité pour repartir de zéro. Nous décidons de travailler collectivement à la création d'un établissement compétent, qui tienne compte de l'histoire de chaque village et de chaque nation et qui soit adapté à leurs besoins. Au lieu de tenter de faire rentrer les peuples autochtones dans le moule de la République, l'objectif est de s'inspirer du droit coutumier amérindien pour construire un établissement foncier compatible avec les normes françaises.

1. Kali'na, Lokono-Arawak, Palikur, Teko, Wayampi, Wayana.

Pour mener à bien cette démarche, je poursuis ma collaboration avec Alexandre Sommer et Alexis Tiouka. En tant que juriste et conseiller en urbanisme de la mairie de Sinnamary, Alexis travaille au quotidien sur la problématique des terres en Guyane. Mais son expérience dans ce domaine remonte aux années 1980. Son frère, Félix Tiouka, est alors à la tête de la première Association des Amérindiens de Guyane française, un mouvement lancé en vue de fédérer l'ensemble des nations autochtones du territoire autour des revendications politiques liées à la terre. Alexis et Félix appartiennent à cette première génération d'enfants amérindiens qui, placée dans des homes va recevoir une éducation « à la française ». Sédentarisés, naturalisés, scolarisés, les jeunes voient leurs modes de vie traditionnels entièrement bouleversés par une nouvelle organisation sociale occidentale.

Car l'influence de l'administration française est forte. Les villages sont reconfigurés autour d'espaces tels que l'école et le dispensaire[2], alors que traditionnellement le carbet communautaire constituait le centre de la vie des habitants. Ce découpage remet en question non seulement l'organisation quotidienne des villageois, mais aussi le rapport à la terre, car l'État définit désormais des communes de rattachement. Mais au-delà de la désorganisation spatiale des communautés, la colonisation a également bouleversé les rythmes de vie des peuples autochtones. Auparavant, calquée sur les saisons, les récoltes et les fêtes, leur vie se voit désormais imposer un nouvel agenda : les rentrées scolaires, le versement mensuel des allocations familiales et les horaires d'ouverture des centres administratifs… Même s'ils vivent désormais à l'heure française, les Amérindiens n'oublient pas pour autant leur identité. Dans les années 1980, les acteurs politiques amérindiens montent en puissance face à la remise en question profonde

2. Centre de santé social.

et radicale de leur organisation traditionnelle. Les jeunes de l'époque, comme Alexis et Félix sont la première génération ayant suffisamment fréquenté l'école pour connaître les codes du monde occidental. Ils savent comment lui tenir tête. Ils organisent le premier Congrès des Amérindiens de Guyane le 9 décembre 1984, à Awala au nord-ouest de la Guyane. C'est un moment historique. Face à un parterre d'officiels français invités pour l'occasion, Félix proclame un discours énonçant clairement leurs revendications :

> *Connaissant fort bien notre situation de dominés pour en vivre quotidiennement les difficultés et humiliations, nous sommes conscients des conséquences du geste que nous faisons car nous savons ce qui est arrivé à d'autres groupes autochtones qui ont amorcé ce processus de revendications avant nous. Cependant, après avoir longtemps réfléchi et examiné sous différents angles notre situation actuelle au point de vue territorial, économique, politique, social, culturel, nous avons conclu que nous ne pouvions la laisser se détériorer davantage suite à l'incurie séculaire de notre tuteur légal, le gouvernement français, envers la défense de nos droits face à des (élus) requins accapareurs de nos territoires et de leurs ressources au profit des entreprises privées. Pour l'avenir de nos peuples, de notre culture et de nos enfants, nous avons le devoir de tout mettre en œuvre pour obtenir la reconnaissance de nos droits de premiers occupants, afin de construire sur cette base un avenir acceptable pour les générations futures*[3].

Le message est clair. Si les Amérindiens de Guyane sont devenus français, ils n'en sont pas moins restés autochtones. Leurs revendications culturelles et politiques s'ancrent dans la terre, celle qui leur confère un droit d'antériorité vis-à-vis

3. Extrait du discours de Félix Tiouka : https://blogs.mediapart.fr/edition/memoires-du-colonialisme/article/221115/amerindiens-de-guyane-felix-tiouka-president-de-lepwwag-sadresse-au-gouvern

de n'importe quel autre peuple aujourd'hui présent sur le territoire amazonien. Les leaders exhortent le gouvernement français à respecter les droits des peuples autochtones et de leurs coutumes. Ils expriment leur volonté de ne pas être assimilés par la société dominante, réclament la reconnaissance de leur souveraineté légitime et affirment l'intangibilité de leur système social et culturel fondé sur l'égalité de tous et la symbiose avec la nature.

À l'époque, ces nouvelles voix qui s'élèvent permettent aux peuples autochtones de Guyane de se faire entendre de l'État. En 1987, le Premier ministre Jacques Chirac signe la publication du décret permettant la création des Zones de droits d'usage collectifs, un premier pas vers la reconnaissance des terres autochtones. Trente ans plus tard, pourtant le combat pour la restitution des territoires spoliés par la colonisation est toujours d'actualité.

Une histoire qui n'est pas dans les livres

Grâce aux récits d'Alexis, je découvre une autre version de l'histoire de la France dont il n'existe aucune trace dans les manuels scolaires. Et pour cause, les institutions de la métropole n'ont pas pour habitude de valoriser les désirs d'autonomie des peuples colonisés. En effet, que ce soit en Amazonie ou en Océanie, la politique d'expansion coloniale française a conduit à planter le drapeau national sur des terres qu'elle a déclarées *Terra nullius* (« territoire sans maître »), confisquant aux Premières Nations leurs héritages et leurs souverainetés.

Alexis m'explique que les Zones de droits d'usage collectifs ne sont pas satisfaisantes au regard des demandes de souveraineté exprimées par les peuples autochtones. En effet, ce régime met en place un simple droit d'usufruit sur des parcelles délimitées.

Les Amérindiens sont autorisés à y chasser, pêcher, récolter des plantes médicinales ou toutes autres activités « nécessaires à la subsistance de ces communautés », mais ces terres ne leur sont pas restituées. Aujourd'hui, ce régime est complètement dépassé vu les progrès réalisés ailleurs. En effet, pour certains peuples autochtones, les années 1980 ont été particulièrement fertiles pour l'avancée du droit à l'autodétermination et à la terre. Au Canada, la Constitution de 1982 a reconnu le statut des conseils de bande comme modèle de gouvernance propre aux Premières Nations. En Norvège, 1989 fut l'année de la mise en place d'un Parlement sami, organe de représentation et de décision autochtone. Le 27 juin de la même année, l'Organisation internationale du travail a abouti à la rédaction et à l'adoption de la Convention n° 169 relative aux peuples indigènes et tribaux[4] encadrant notamment le « droit à la consultation libre préalable et éclairée », un mécanisme de décision permettant aux peuples autochtones de participer à la gouvernance de leurs territoires.

Directement concernée par cet essor des revendications autochtones, la France a participé à la rédaction des articles de cette Convention mais s'est abstenue lors du vote organisé pour son adoption et ne l'a toujours pas ratifiée. Prétextant une incompatibilité avec le principe d'unicité et d'indivisibilité de la République, la principale raison (et peut-être la seule véritable) de ce rejet est très certainement liée à la crainte de voir resurgir des revendications séparatistes sur les territoires colonisés ou dans les régions aux tensions régionales déjà exacerbées, particulièrement à l'époque des mouvements indépendantistes corse ou basque.

Pourtant, en France, l'invisibilisation de ces peuples et le déni de leurs droits fondamentaux n'ont pas eu pour effet de

4. Voir le texte de la convention : https://www.ilo.org/wcmsp5/groups/public/---ed_norm/---normes/documents/publication/wcms_211976.pdf

garantir la paix sociale. Elle a bien au contraire provoqué des crises violentes et douloureuses. Cette position a conduit aux tragédies violentes qui ont endeuillé la Nouvelle-Calédonie, où des militants pour les droits du peuple kanak ont pris les armes afin de réclamer le respect de leur territoire. Face aux affrontements sanglants, l'État français tente de mettre en avant ce qu'il appelle « la communauté de destin » entre ce peuple colonisé et la nation coloniale et signe les accords de Nouméa le 5 mai 1998. La paix repose alors sur la reconnaissance de la légitimité de la nation kanak à la fois dans son antériorité, son lien à la terre ainsi que dans sa souveraineté et sa capacité à choisir son avenir. Cette période tourmentée a imposé une mutation profonde dans le régime de propriété foncière, avec la reconnaissance officielle des « terres coutumières », c'est-à-dire des terres qui n'appartiennent ni à l'État, ni à des particuliers, mais aux autorités traditionnelles kanak. Cette démarcation entend casser la politique d'oppression et instaurer une nouvelle forme de souveraineté autochtone. Ainsi, ces terres sont régies par un droit autonome du droit civil et déclarées inaliénables, incessibles, incommutables et insaisissables afin d'éviter qu'elles puissent un jour retourner à l'État ou être cédées à des propriétaires privés. Ce sont les autorités coutumières qui définissent à nouveau les règles applicables sur leurs territoires.

La comparaison de la situation entre la Nouvelle-Calédonie et la Guyane amène à s'interroger : la violence est-elle la seule manière de se faire entendre de l'État français ? L'oppression ne peut-elle cesser que par les armes ? La génération d'Alexis Tiouka aurait-elle dû emprunter d'autres voies que la diplomatie pour tenter de faire respecter ses droits fondamentaux ? La nouvelle génération de militants amérindiens constate, parfois avec amertume, le peu de droits acquis par les peuples de Guyane, et y voit un échec de leurs anciens. Conscients du chemin qu'il leur reste à parcourir pour faire respecter leurs droits, les jeunes aspirent à reprendre le flambeau pour gagner de nouvelles victoires. C'est pourquoi, dès les premiers blocages de mars 2017, les militants autochtones montèrent leurs propres barricades pour faire entendre leurs revendications. Il n'est pas question pour eux de demander à être traités comme des Français à part entière, mais au contraire, de faire valoir leur droit à être Amérindiens.

La propriété privée n'existe pas

Le protocole d'accord signé avec le ministère des Outre-mer en 2017 mentionne une « rétrocession » de 400 000 hectares mais les leaders insistent bien sur le fait qu'il s'agit d'une restitution. Ils rappellent que les terres autochtones n'ont jamais été cédées à la France et que le colonisateur les a purement et simplement accaparées. Malgré ce faux pas, l'État français reconnaît pour la première fois que les territoires de Guyane appartenaient aux Premières Nations. De plus, en s'engageant à mettre en place un office foncier autochtone, il leur reconnaît également le droit de décider souverainement de l'avenir des six nations amérindiennes de Guyane.

La seule règle clairement énoncée par Alexis et les autres leaders que je rencontre, c'est que ces terres doivent être gérées de manière collective. L'appropriation de la terre et des richesses naturelles est considérée comme la base d'un « système fondé sur l'exploitation de l'homme par l'homme[5] ». Les chefs ont observé les conséquences du développement du modèle capitaliste, conduisant au gaspillage des ressources naturelles et à la répartition inégale des biens. En conséquence, ils se sont toujours exprimés contre la reconnaissance d'intérêts

5. Discours de Félix Tiouka le 9 décembre 1984 à l'occasion du premier Congrès des Amérindiens de Guyane française.

privés afin de ne jamais devoir sacrifier les intérêts collectifs des autres membres de la société.

Cela a été le plus gros choc intellectuel que j'ai eu à vivre depuis mon arrivée en Guyane et j'ai du mal à entrevoir les véritables conséquences de cette ligne de conduite. Imaginer une société dans laquelle la propriété privée n'existe pas, une organisation sociale dans laquelle les droits collectifs priment sur les droits individuels et ont pour but d'assurer à tous un égal accès à la terre et à ses richesses, tout en respectant une gouvernance en symbiose avec la nature ? Je suis partagée entre l'envie d'y croire et mes difficultés à concevoir ce changement complet de paradigme. Dans ma vie de citadine, avoir un toit au-dessus de la tête signifie en être le propriétaire ou alors le locataire. Les espaces communs se résument finalement à la cage d'escalier et au local poubelle. Dans notre société, la propriété privée n'est pas uniquement un droit fondamental protégé par la Constitution, c'est aussi un but en soi pour un grand nombre de personnes. L'achat ou la location du premier appartement, d'une maison pavillonnaire… Ce besoin d'avoir un « chez-soi » est non seulement un gage de sécurité mais aussi de réussite sociale.

Comment imaginer une société tellement différente de la nôtre au point de refuser le concept même de propriété privée ? À quoi ressemblerait l'histoire de la France et de l'Europe si nous avions limité l'expansion de la propriété privée au bénéfice des communs ? En Angleterre, le système des terres en usage collectif a survécu jusqu'au XVIe siècle avant que le Parlement britannique ne décide de passer à un modèle agricole reposant sur la propriété privée, appelé le mouvement des *enclosures* en raison de la délimitation des parcelles par des haies ou des barrières. En France métropolitaine aussi, notre structure sociale est encore inspirée de cette organisation collective : c'est la commune. La gestion des bois et des prés par les habitants fut progressivement remise en question, notamment au moment de la Révolution française, au bénéfice de la propriété privée de l'État. Il s'agit donc d'un tournant relativement récent de notre culture occidentale, qui pourrait bien être corrigé pour revenir à un modèle privilégiant l'intérêt général et la protection de la nature au bénéfice des générations actuelles et futures, plutôt que le sacrifice des richesses naturelles pour des intérêts privés et court-termistes.

Ces débats sont déstabilisants. Aucun principe de notre société ne me semble plus immuable. En me donnant une telle consigne, les chefs ont ouvert un nouveau champ des possibles pour construire un autre rapport à la terre. Au fond ce qui ébranle le plus mes convictions à ce moment-là, c'est de comprendre à quel point je suis moi-même complètement colonisée par cette pensée capitaliste et libérale qui ne m'avait jusqu'ici jamais laissé entrevoir de solution véritablement alternative au modèle dominant. C'est justement ce que je suis venue chercher en Guyane : un dépaysement qui me permette de me délester enfin de tout ce que j'ai cru apprendre à l'université, laisser derrière moi toutes mes certitudes, mes préjugés et repartir de zéro. Je devrai m'instruire de l'histoire de cette terre ancestrale.

Alexis s'est chargé d'organiser mon parcours initiatique.

Village Kamuyeneh, résister ensemble

Alexis commence par m'emmener dans un petit village, proche de Cayenne. Nous roulons une vingtaine de minutes avant d'arriver au début d'une piste de terre où sont plantées des dizaines de boîtes aux lettres. Plus loin, un bus de ramassage scolaire d'un autre âge semble attendre de reprendre du service, abandonné sur le bord de la route. C'est l'entrée du village Kamuyeneh. Alexis manœuvre habilement la voiture entre les nids-de-poule pendant que j'observe les toiles tissées par les fils électriques perchés en haut de grands bambous plantés le long du chemin pour raccorder à l'électricité de petites maisons en bois.

Fabrice Labonte, le chef du village, vient à notre rencontre. Comme les autres habitants du village, il est Palikur, de la même nation que le chef Roger Labonte rencontré à Saint-Georges-de-l'Oyapock. Devant sa maison, il nous invite à entrer. J'enlève mes chaussures devant la porte pour le suivre à l'intérieur. Le sol est en béton et le reste de la maison en bois. Assis autour de sa table à manger, nous l'écoutons raconter l'histoire du village et de ses terres.

Depuis les années 1960 et 1970, des Palikur originaires de l'Oyapock ont entrepris de se rapprocher de Cayenne pour trouver du travail. Parcourant d'immenses distances à travers la forêt, ils se sont installés en famille à proximité de la ville et ont fondé des villages. Parfaits connaisseurs des *layons*, les sentiers à travers la forêt, ils travaillent comme guides. Le chef Labonte nous explique que depuis, les villages se sont vite agrandis. Lorsqu'un couple se forme et qu'il souhaite fonder un foyer au sein du bourg, il en adresse la demande au chef coutumier qui s'assure que les espaces sont bien distribués. Les futurs parents doivent disposer d'une surface suffisante pour construire leur maison et d'un terrain d'environ un hectare pour produire de quoi subvenir à leurs besoins alimentaires. Construire sa maison fait partie du cycle de la vie de chaque individu, c'est pourquoi chacun a droit à sa place sur les terres collectives du village. C'est la vie en communauté. Lorsque la terre vient à manquer ou qu'il y a une dispute entre familles, une partie des habitants part s'établir ailleurs.

En arrivant au village, une chose m'a frappée. Aucune barrière, aucune clôture ne délimite l'espace entre les maisons. Alexis m'explique que cela ne se fait pas. Le village est collectif et il serait mal vu de grillager une parcelle pour délimiter une surface privée. L'écart entre nos sociétés est décidément immense. L'absence de repères entre les espaces familiaux et collectifs me déboussole à tel point que j'ai du mal à comprendre comment me déplacer dans le village et ma présence m'apparaît partout intrusive. Contrairement à nos villes où l'on achète sa place, ici chacun est relié à l'autre par cette identité commune, par le lien à cette terre partagée.

À Kamuyeneh comme dans de nombreux autres villages amérindiens, le chef Fabrice Labonte consulte toujours l'association foncière locale pour prendre des décisions concernant les terres collectives. Ces structures ont été inventées en réponse au fait que le droit français ne reconnaissait ni les familles, ni les villages amérindiens comme des entités juridiques collectives à part entière. Il fallait bien néanmoins trouver un moyen de représenter les intérêts communs des villageois et pouvoir signer les concessions ou l'attribution de Zones de droits d'usage collectifs sur les terres. L'association est encore le meilleur moyen trouvé pour permettre une cohabitation entre la coutume amérindienne, les droits collectifs et la législation française. Il a donc fallu que les villages créent ces structures auxquelles tous les habitants sont censés adhérer. Dans les faits, les démarches administratives, les convocations, les rapports d'activité et toute cette bureaucratie bien française ne sont absolument pas en phase avec la réalité de la vie des villages. Malgré tout, leur résilience est impressionnante. Pour protéger leur structure ancestrale collective, ils résistent tant bien que mal à la pression de nos institutions en utilisant les outils juridiques à leur disposition. Nos deux mondes cohabitent, maladroitement et sans aucune volonté de s'intégrer l'un à l'autre.

Avant l'arrivée des Français, les Palikur vivaient en semi-nomades. En tant que chef, la responsabilité de Fabrice Labonte aurait été de choisir un bel emplacement, le long d'un cours d'eau à proximité de terres cultivables. Mais aujourd'hui, son village est enclavé entre des parcelles privées, il doit apprendre à manier le code de l'urbanisme, à lire des zonages et à déposer des recours auprès de la mairie pour défendre les intérêts de son peuple. Décidément, quelle violence de se voir ainsi imposer les règles d'une civilisation coloniale venue de l'autre côté de l'Atlantique. Il nous montre des documents, qu'il étale sur la toile cirée de la salle à manger. Alexis, lui, connaît cette situation par cœur, c'est le lot de tellement de chefs. Moi j'écoute et j'apprends tout en observant la pièce. Pas de décorations sur les murs de bois brut, juste un petit clou qui retient le cartable coloré d'une enfant de la maison. Le chef nous explique qu'il aimerait bien faire plus pour les jeunes. Le vieux bus scolaire échoué à l'entrée du village doit devenir une bibliothèque et il souhaite retaper un ancien carbet et en faire un dortoir pour accueillir les étudiants palikur de Saint-Georges-de-l'Oyapock qui quittent leur famille pour faire leurs classes à Cayenne. Mais, comme dans de nombreux autres villages amérindiens, à Kamuyeneh, l'agrandissement du village est difficile à cause de la pression foncière exercée par les villes voisines et notamment Cayenne dont la démographie galopante ne cesse de grignoter les terres alentour. Alors il essaie quand même d'obtenir l'amélioration des conditions de vie de ses habitants, avec l'installation de poteaux électriques et la réalisation de la voirie, car même si la jolie piste de terre donne un certain charme au village, les éboueurs refusent de venir y collecter les ordures par crainte de s'y embourber.

La préservation des terres collectives est une question de survie de l'identité amérindienne. Face à l'administration française et ses tentatives d'assimilation, la protection de sa structure sociale est dépendante de ces espaces dans lesquels les autochtones peuvent vivre ensemble selon leurs aspirations et leurs coutumes. Grâce aux 400 000 hectares de terres collectives, ils pourraient agrandir les villages existants ou acquérir d'autres parcelles pour en fonder de nouveaux. Sera-t-il possible en Guyane d'obtenir comme en Nouvelle-Calédonie, que la propriété coutumière soit reconnue comme insaisissable, incessible, incommutable et imprescriptible ? De cette manière, les terres coutumières seraient protégées par la loi et ne pourraient être cédées ni à l'État, ni à des personnes privées, pour éviter que des industriels ne rachètent leurs terrains pour y mener des activités sans leur autorisation. Car, pour les chefs comme Fabrice Labonte, attribuer une propriété privée sur de nouvelles parcelles, c'est prendre le risque qu'elles soient revendues à des promoteurs immobiliers, des agriculteurs ou des entreprises. En tant que garant de la bonne utilisation des terres de son village, il espère au contraire pouvoir protéger le lien à son territoire pour assurer l'avenir des générations futures. Il redoute qu'avec la propriété privée, les villageois soient obligés de s'acquitter d'impôts comme la taxe foncière et de nombreuses obligations auxquelles ils seraient obligés de faire face seuls. Cela signifierait la fin de leur mode de vie, le démembrement de cette structure sociale qui assure la résilience de leur culture et de cette protection collective qui fait leur force. Protéger la propriété collective, c'est résister, ensemble.

Village Favard, un destin commun

Alexis est venu me chercher tout sourire aux aurores ce matin. Il m'emmène rencontrer le chef de Favard, un village amérindien rattaché à la commune de Roura, dont le petit bourg est situé à trente minutes de voiture de Cayenne. Nous garons la voiture devant l'église du village, un bâtiment du XVIIe siècle construit ici par les Jésuites grâce à la force des esclaves. Cette construction singulière de bois et de briques posée sur une petite colline, surplombe la rivière Oyak. La brume du matin recouvre encore l'horizon et de notre promontoire, l'eau noire ondulante de la rivière ressemble à un majestueux serpent glissant entre les arbres.

Alexis m'explique la raison pour laquelle nous avons dû partir si tôt. Comme chaque matin, Jean, le fils du chef emmène les jeunes du village à l'école en pirogue et nous allons en profiter pour faire le trajet retour avec lui. Après quelques minutes seulement, les enfants arrivent. Dans la pirogue, ils sont silencieux et sages. Une fois le pied posé sur le débarcadère, ils partent en courant vers l'école, comme une nuée de petits oiseaux joyeux. Nous saluons Jean et embarquons. À peine le moteur lancé, je comprends pourquoi Alexis était de si bonne humeur. Nous quittons la ville, la route et le bruit pour nous enfoncer dans la forêt. Le moment est mystique et apaisant. La surface de l'eau se fond dans la brume du matin et les arbres forment un cocon qui nous entoure avec douceur. J'ai le sentiment de rentrer dans un lieu sacré, comme si le fleuve était notre chemin de pèlerinage. Au bout d'une vingtaine de minutes, un petit ponton en bois émerge de la rive. Jean accoste et nous guide à travers le village encore endormi. La maison de son père est une grande cabane en bois surélevée sur de hauts poteaux. On accède à l'étage par un escalier, mais c'est sous la maison que se trouve le lieu de vie. Autour d'une grande table en bois, le chef Zacharia nous attend.

Je me présente en quelques mots, expliquant qu'avec Alexis nous travaillons pour accompagner les organisations autochtones sur le plan juridique et que nos recherches visent à identifier les besoins des différents villages amérindiens en vue de la restitution de 400 000 hectares de terres aux Premières Nations de Guyane. Le chef Zacharia semble très heureux de revoir Alexis et les discussions s'engagent sur un ton cordial. Quelle chance de pouvoir être à leurs côtés. Aucune avocate blanche n'est jamais venue les voir pour les soutenir dans leurs revendications. N'étant pas guyanaise, mon implication peut paraître aux yeux de beaucoup au mieux bizarre, au pire suspecte. Mais le fait d'être accompagnée d'un juriste bien connu ici, une figure des luttes amérindiennes qui plus est, permet de lever certains *a priori*.

Le chef Zacharia nous explique comment, dans les années 1970, des Palikur de Ouanary, à l'embouchure du fleuve Oyapock, ont été contraints de fuir leur village pour s'installer ailleurs. Il raconte qu'à cette époque, leur chamane était quelqu'un de malveillant, et qu'au lieu de protéger les villageois, tous tombaient malades. Sa mère a donc décidé de partir avec sa famille et d'aller chercher du travail. Ils ont longé le littoral en direction de la capitale, mais arrivés à l'embouchure du fleuve Mahury, au sud de Cayenne, ils ont finalement remonté le cours de l'eau, s'installant sur les rives de l'un de ses principaux affluents, la rivière Oyak. C'était en 1972.

Vingt ans plus tard, en 1992, l'évêché de Guyane leur a cédé 5 hectares de terres pour un franc symbolique. Puis la Préfecture, leur a concédé quelques hectares le long de la piste qui mène à Roura ainsi qu'une Zone de droits d'usage collectifs de 12 hectares située à une heure de pirogue. J'examine les documents que me tend Jean. De vieux papiers qui ont miraculeusement survécu à la météo amazonienne, conservés dans les pochettes plastifiées d'un classeur. Les contrats de cession et de concession sont plutôt courts. Une mention éveille mon inquiétude. Il est dit qu'en cas de découverte d'un gisement d'or, l'État se réserve la possibilité d'expulser le village pour récupérer les terres et en exploiter le sous-sol. En effet, dans la législation française, un propriétaire possède un terrain et son sous-sol sauf dans le cas, prévu par le code minier de 1810, où un gisement minier ou pétrolier serait découvert : celui-ci appartient dès lors automatiquement à l'État français et non plus au propriétaire du terrain. Il faut bien avoir en tête que, comme une dizaine d'autres localisations en Guyane, toute la région est considérée par le Bureau de recherches géologiques et minières (BRGM) comme un « bassin à or alluvionnaire ». C'est un type de gisements dans lesquels les fragments d'or, sous la forme de paillettes ou de petites pépites ont été transportés par l'eau, libérés de leur filon d'origine par l'érosion des sols. Autrement dit, l'or est particulièrement présent en surface et dans les cours d'eau de l'ensemble du territoire. Je suis très choquée d'imaginer que cette clause permette cyniquement à l'Administration de reprendre d'une main ce qu'elle a donné de l'autre, et de retirer ainsi des terres qui ont été octroyées. Finalement, compte tenu de la présence d'or, ce titre ne protège aucunement les habitants assis sur une fortune qui sera peut-être un jour le fléau causant la destruction de leur village.

Située dans une région parmi les plus riches en biodiversité, la Zone de droits d'usage collectifs qui a été reconnue en 1995 au village de Zacharia est proche de deux réserves : la réserve naturelle nationale de Kaw et la réserve naturelle régionale Trésor. Les tensions sont régulières entre les villageois et les gestionnaires des parcs, car il arrive que le chamane et les habitants aient besoin de certaines plantes qui ne poussent pas dans leur « zone », et qu'ils aillent parfois les prélever dans les réserves. Le chef Zacharia se plaint des remontrances des agents car il m'explique que ces plantes sont utilisées comme des médicaments ou comme un remède pour éloigner les mauvais esprits et protéger le village. Ici, au cœur de l'Amazonie, la relation avec la nature n'est pas la même qu'en ville. La forêt n'est pas un parc réservé aux plantes et aux animaux, c'est leur maison. Vivre ici nécessite de nombreux savoirs, et notamment celui de comprendre la nature et les entités qui la composent. C'est le rôle du chamane de garantir un espace sûr au sein du village pour que personne ne tombe malade ou ne soit la cible des esprits de la forêt. Un bon chamane est donc aussi important qu'un bon chef. Aussi lointaines que les traditions animistes puissent paraître à un citadin occidental, la relation aux éléments naturels est un des aspects malgré tout essentiels de nos existences. Le bien-être en ville est directement lié à la présence d'« espaces verts », une expression aseptisée qui reflète malheureusement la tendance de notre société à s'éloigner du sauvage, pour mieux façonner la nature selon nos besoins.

Le cas du village Favard illustre parfaitement le paradoxe de notre société. La recherche de profits justifie le droit de l'Administration d'exproprier les habitants et d'exploiter et détruire la terre, tout en s'arrogeant la possibilité de définir des sanctuaires biologiques dans lesquels aucune cohabitation entre humains et non-humains n'est tolérée. Les non-humains, c'est-à-dire le reste du vivant avec lequel l'humanité interagit, sont considérés comme extérieurs, voire inférieurs à nous dans l'optique de la culture occidentale. Cette conception de notre rapport au monde est déséquilibrée et sans avenir. Ne serait-il pas beaucoup plus riche, de s'inspirer des peuples qui vivent ici depuis des millénaires avant l'arrivée de notre civilisation et qui ont su trouver une forme de collaboration avec leurs écosystèmes ? Le contraste entre nos mondes est d'une grande brutalité. Avant même de pouvoir faire évoluer notre relation à la nature, comment tisser un dialogue entre nos peuples dont les visions du monde sont si différentes ? Si les savoirs ancestraux disparaissent, peut-être que nos chances de construire un avenir meilleur sont en train de disparaître avec eux.

Jean et le chef Zacharia racontent que la pression est forte et que la politique d'assimilation se fait sentir aux portes du village. En raison du manque de place, certaines familles vivent en dehors de la concession. La mairie fait la promotion de nouveaux lotissements et entend les reloger le long de la piste qui mène à Roura. Mais les villageois résistent. Ils souhaitent au contraire rester et développer des activités au village qui leur permettent de mettre en place leurs projets, tout en respectant leur organisation coutumière, leur spiritualité et leur terre. La restitution des terres en propriété collective servirait à développer des initiatives communautaires qui répondent aux aspirations des habitants. Un projet d'écotourisme porté par l'association Waliky (« tortue d'eau » en palikur) a d'ailleurs l'ambition de créer des emplois locaux : guides, artisans, cuisiniers... Mais il faudrait plus d'espace et notamment une zone dédiée à l'hébergement des touristes en dehors du village.

La discussion autour de la table se détend progressivement. Alexis et le chef Zacharia parlent des plantes et des arbres de la forêt. Je remarque que du rebord du carbet pendent de longs fragments d'écorce d'arbre d'*Ulemali* destinés à être roulés pour confectionner les cigares du chamane. J'en profite pour demander à quoi sert la grosse boîte à l'aspect singulier qui trône sur la table et qui attire ma curiosité depuis notre arrivée. Ronde, de la taille d'une balle de handball, en bois, elle est posée sur le flanc et son couvercle tient dans un équilibre plutôt instable. Est-ce une pièce d'artisanat traditionnel ? Ma question fait sourire tout le monde. Jean me la tend en m'expliquant qu'il s'agit d'une graine, appelée le canari macaque ou encore « la marmite de singe ». Ce que je prenais pour un couvercle est en fait l'opercule de cette grosse coque. Lorsque le fruit est mûr, il tombe de l'arbre et l'opercule se détache pour laisser sortir les graines. Une fois vides, ces coques volumineuses peuvent servir de boîtes ou de cendriers.

Dommage que le chamane ne soit pas parmi nous. Connaître les arbres, leurs graines et leurs vertus est son rôle. Il sait communiquer avec les esprits présents dans la forêt et fait le lien avec le monde des humains afin d'assurer l'harmonie. Il sait comment les habitants doivent se comporter vis-à-vis de la nature pour ne pas fâcher les esprits. Il sait aussi où installer le village pour ne manquer d'aucune plante. J'aimerais tellement en savoir plus sur les esprits de la forêt et sur l'apprentissage des chamanes, mais nous sommes déjà là depuis plusieurs heures et c'est bientôt le déjeuner. Jean me fait cadeau du fruit du canari macaque et nous regagnons la pirogue.

Sur le trajet du retour, une mousson tropicale se déverse sur nous. L'eau s'infiltre partout. Je ne vois plus rien. Je me recroqueville en attendant que le déluge passe. Rien à faire, j'entends juste les trombes d'eau qui tambourinent sur mon dos et ma tête. Décidément, en Amazonie, les forces de la nature sont présentes à chaque instant pour nous rappeler à quel point nous sommes petits, fragiles et que nous dépendons de la bienveillance de la Terre pour notre survie.

Village Bellevue, construire un écosystème résilient

Mars 2018. Je suis en Guyane depuis plus d'un mois maintenant. Alexis organise régulièrement de nouvelles rencontres qui me permettent de commencer à comprendre les codes du monde amazonien. Pour une jeune juriste occidentale, on peut parler d'apprentissage, presque de reformatage. Depuis mon arrivée, j'écoute, je pose parfois des questions avec le souci de ne pas être intrusive. Je pars du principe que, ce que mes interlocuteurs veulent bien me dire de leur culture est une transmission choisie, mais que, s'ils préfèrent se taire sur des sujets, c'est qu'ils ont de bonnes raisons. Lorsque des réunions se tiennent dans les villages amérindiens sur la problématique des terres, je demande la permission d'être présente. Ces rencontres obéissent toujours au même protocole. Les chefs et les représentants associatifs forment un premier cercle de discussion. Autour de ce premier cercle, sont présents les habitants venus écouter et s'informer. Ils sont libres de parler. Pour moi, c'est différent. Quand je suis invitée dans ces réunions, je ne prends la parole que si une question m'est directement adressée. De toute façon, il serait complètement malvenu que je donne mon opinion personnelle sur les sujets qui concerne le monde amérindien ou sur la vie du village. Lorsque je suis sollicitée, c'est principalement pour donner un avis juridique. Je prends soin de rester la plus objective et discrète possible, ma présence n'étant pas toujours bien vécue par tous les participants. Connaissant l'histoire de ce territoire, cette méfiance vis-à-vis des « blancs » est tout à fait légitime.

J'ai souvent dû répondre à la question : « Pourquoi es-tu ici ? ». J'ai été prévenue que cette interrogation était de rigueur et qu'il s'agissait d'une étape déterminante dans n'importe quelle conversation. Contrairement au banal tour de présentation auquel nous sommes habitués en métropole lors d'une première rencontre, il ne s'agit pas de présenter son CV. Ici, ce que les chefs attendent de moi, c'est que j'explique mes motivations intérieures, ce qui a fait dans mon parcours que j'ai décidé de venir en Guyane et que je consacre du temps de ma vie à la cause des peuples autochtones. L'exercice n'est pas aisé, il suppose d'abandonner les expressions creuses pour parler vrai. C'est moins un exercice de style, qu'une épreuve de sens et d'introspection. Si cette confession est aussi importante, c'est que les chefs voient régulièrement débarquer des Occidentaux, convaincus de pouvoir résoudre les problèmes des peuples autochtones. Les chefs ont appris à être prudents. Ils souhaitent que leurs partenaires soient respectueux de leur histoire, de leur organisation et de leur culture, qu'ils établissent une relation de réciprocité, dans laquelle chacun est l'égal de l'autre. L'Administration les infantilise depuis tellement longtemps, qu'ils refusent l'aide extérieure lorsqu'elle est animée par la pitié ou la condescendance. Or, je suis ici pour comprendre les défauts de notre société occidentale et observer sous un nouvel angle les impacts de la déconnexion de notre civilisation avec le vivant. Je suis venue travailler sur les questions juridiques à la demande de représentants amérindiens mais en aucun cas pour porter la croix des peuples autochtones. J'ai beaucoup à apprendre, et en retour je fais de mon mieux pour leur fournir le soutien technique pour défendre leurs droits. Si au début je redoutais ce test, j'ai fini par m'y habituer et progressivement, je me suis sentie plus à même de participer à certaines réunions sans être accompagnée par Alexis.

Ainsi, à l'invitation de la cheffe Cécile Kouyouri, je me suis rendue pour la première fois seule à Bellevue, un village amérindien situé sur le littoral, rattaché à la commune d'Iracoubo. Deux heures de voiture sont nécessaires pour atteindre le village en partant de Cayenne. Pendant des kilomètres, l'autoroute est une longue saignée monotone, droite et sans fin à travers les arbres, puis d'un coup, le paysage change du tout au tout. Finie la forêt tropicale, je suis au milieu d'une savane, immense étendue d'herbes jaunes parsemée de petits arbres noirs et tortueux comme rongés par le feu, les « poiriers des savanes ». À la dernière période glaciaire, ces grands espaces recouvraient le continent, mais en Guyane, ils ne se trouvent plus aujourd'hui que par petites touches sur le littoral. À la saison des pluies, les savanes sont entièrement inondées, mais à la saison sèche, sans l'abri de la canopée, elles sont très exposées à l'ensoleillement et à la chaleur extrême. Malgré cela, elles regorgent de biodiversité. Alors qu'elles ne représentent que 0,3 % du territoire, elles abritent un cinquième de la flore guyanaise. Ce matin, inondée d'une lumière rosée, la savane est absolument envoûtante. Je ne peux m'empêcher d'arrêter la voiture sur le bord de la route. Au loin, la lisière de la forêt est toujours visible. C'est apaisant d'échapper aux arbres immenses et de pouvoir porter son regard vers le lointain.

Je me remets en chemin. Passé Kourou, plus de réseau téléphonique, ni internet pour le GPS, ni même de radio. Il faut rester vigilant pour ne pas manquer la petite piste d'accès au village. Une fois arrivée, je demande comment trouver la cheffe Kouyouri à une dizaine de jeunes rassemblés devant une petite supérette. L'un d'entre eux m'indique une petite maison fleurie un peu plus loin.

Quelques jours auparavant, la cheffe Kouyouri m'a invitée pour discuter de la situation des terres de Bellevue, ce que j'ai immédiatement accepté. Nous nous installons sous sa véranda avec un café. C'est une femme très calme et je sens immédiatement chez elle, une grande force intérieure. Son histoire n'est pas anodine. Son père est le fondateur du village et elle a été la première femme désignée cheffe en Guyane en 1997. Peu d'entre elles sont cheffes coutumières, même si leur nombre augmente. Cécile Kouyouri appartient à la nation amérindienne kali'na, comme Alexis. Ce peuple est présent au Brésil, en Guyane française, au Suriname, au Guyana et jusqu'au Venezuela. C'est l'ethnie la plus représentée en Guyane. Elle compte environ 3 000 individus, sur les 10 000 Amérindiens des six nations confondues. De leur histoire, je sais qu'ils ont été des guerriers et que les relations avec les autres peuples de Guyane n'ont pas toujours été pacifiques, voire plutôt sanglantes. Ce passé belliqueux nourrit encore aujourd'hui certaines rivalités entre les leaders autochtones des autres nations qui semblent vouloir s'affranchir de leur domination. En effet, du fait de leur présence sur le littoral de Guyane, les Kali'na ont été très tôt en contact avec les colons. Ceux de la génération d'Alexis Tiouka et de Cécile Kouyouri ont ainsi été les premiers à recevoir l'enseignement qui leur a permis de faire entendre leur voix pour défendre les droits des peuples autochtones de Guyane. Mais aujourd'hui, les autres nations, sous-représentées dans le mouvement amérindien du fait de leur éloignement à l'intérieur du territoire ou du faible nombre de leur population, souhaitent également faire valoir leurs propres revendications.

La cheffe Kouyouri appartient clairement à ces leaders qui savent se servir de leur éducation à la française et de leur maîtrise des codes du monde occidental. Pour autant, résolument décidée à construire un meilleur avenir, elle ne vit pas entre deux époques. Bellevue est très isolé et 90 % de ses habitants sont au chômage. Pour créer des activités et permettre aux jeunes de rester au village, elle essaie de mettre en place un marché artisanal et local où les habitants pourraient vendre leurs productions. Le village s'est équipé d'un atelier de poterie et de vannerie traditionnelle pour relancer la transmission de savoirs entre les anciens et les jeunes en espérant créer des débouchés économiques. Malgré tous ses efforts, ces initiatives n'ont pas remporté un grand succès pour le moment et la cheffe Kouyouri dénonce des entraves de la part des élus locaux qui ne font rien pour l'aider.

En effet, la mairie d'Iracoubo livre une bataille de tranchées contre les actions de Cécile Kouyouri et des membres du conseil coutumier. Au cœur du problème, encore une fois : la terre. Toutes les parcelles du village appartiennent à la commune. Or, depuis les années 1990, des démarches ont été entamées pour obtenir des terres collectives. Une concession de 1 000 hectares devrait leur être attribuée, mais la cheffe m'explique que la situation est toujours en suspens. Au lieu de respecter la demande de droits collectifs, la municipalité souhaite attribuer des titres fonciers aux habitants pour qu'ils soient propriétaires de leur parcelle. Elle propose même une offre très alléchante : 1 € symbolique pour chaque terrain. La cheffe Kouyouri et les autres membres du conseil coutumier sont très inquiets, car personne n'est venu expliquer aux habitants les conséquences financières de l'accès à la propriété : auront-ils à payer la taxe foncière ? Y a-t-il des frais de notaire à prévoir à l'acquisition ? Les habitants n'ont pas les moyens de faire face à ces dépenses et Cécile Kouyouri le sait bien, cela pourrait être un piège financier pour un grand nombre d'entre eux. Jusqu'ici les quelques habitants qui ont osé s'opposer à ces pratiques se sont attiré les foudres du conseil municipal qui les a dépossédés de leur parcelle.

Le récit de cette lutte pour la terre est révoltant. Face à ces méthodes mêlant humiliation et violence, le courage de Cécile Kouyouri, du conseil et des habitants qui malgré tout gardent la tête haute force le respect. La situation du village Bellevue illustre parfaitement les objectifs cachés de la politique d'assimilation menée par l'Administration, la volonté assumée de disloquer, une bonne fois pour toutes, la structure du monde amérindien en s'en prenant directement au lien à la terre et aux droits collectifs. Ensemble, les habitants sont forts, ils peuvent se défendre et trouver des solutions, mais seuls, ils risquent d'être rapidement rattrapés et noyés par les contraintes du monde occidental. Certains se laisseront probablement convaincre et achèteront leur parcelle. Peut-être qu'ils revendront ensuite à d'autres personnes extérieures au village, pour pouvoir s'installer en ville. Dans quelques années, s'en sera alors fini du village amérindien, du respect des coutumes et de la cheffe Kouyouri.

Heureusement, certains habitants ont bien conscience de l'importance de préserver leur identité et leur lien à la terre, et ils ne se laissent pas faire. Cécile n'est pas seule à mener ce combat pour protéger son village. Lors de cette visite, je fais également la connaissance de Franck Nénesse, agriculteur et président de l'association Nono'l Dupo wa. Cette structure est à l'origine de la création du marché traditionnel et participe au développement économique local par la valorisation des savoirs culinaires, artisanaux et agricoles amérindiens.

Franck dispose d'une parcelle à la sortie du village où il pratique l'agroforesterie, un modèle d'agriculture alternatif, alliant savoirs traditionnels et préservation des sols. Sans aucun intrant chimique, il associe arbres et cultures pour conserver le maximum de biodiversité sur son terrain et utilise les propriétés naturelles des plantes pour régénérer le sol. C'est aussi un excellent moyen de valoriser les espèces endémiques, c'est-à-dire celles qui sont locales et n'ont pas été importées en Guyane pour des raisons économiques. Sur sa parcelle, il fait pousser de nombreuses plantes importantes pour la culture autochtone. On y trouve notamment du roucou, un arbre qui donne des fruits dotés de longues épines d'un rouge insolent. Les graines du roucou sont utilisées comme accompagnement dans la cuisine amérindienne mais aussi comme colorant pour la peau lors des cérémonies traditionnelles. C'est également un répulsif efficace contre les moustiques. Franck combine la maîtrise de techniques ancestrales et la science des plantes. La terre amazonienne étant plutôt argileuse et pauvre, les civilisations précolombiennes ont mis au point une méthode pour l'enrichir en utilisant les cendres des arbres brûlés au moment du défrichage des terrains agricoles. Les petits morceaux de charbon de bois grâce à leur porosité, piègent l'eau et les nutriments, rendant le sol extrêmement fertile. Cette technique est connue en Amazonie sous le nom de *terra preta*, la « terre noire » en portugais.

En plus de cette technique, Franck mise sur des plantes locales aux vertus essentielles pour le sol, telles que le pois sucré. Ce petit arbuste s'associe au niveau de ses racines avec certains micro-organismes présents dans le sol pour former une symbiose : les bactéries fixent l'azote présent dans l'air sous une forme assimilable par la plante qui, en échange, nourrit les bactéries grâce au sucre qu'elle produit par photosynthèse. Ce remarquable mécanisme de captage de l'azote issu de l'adaptation du vivant aux conditions les plus difficiles, permet aux agriculteurs de se passer des intrants chimiques industriels qui portent atteinte à la santé des écosystèmes. Franck est un pionnier, qui pour le moment, réalise ce projet pilote sur son *abattis* personnel. Avec Cécile Kouyouri, ils espèrent obtenir bientôt une Zone de droits d'usage collectifs et une concession pour développer ce projet d'agroforesterie et proposer sur le long terme, un modèle capable d'assurer aux habitants une autonomie alimentaire durable et une source d'activité pour les jeunes. Ainsi, cette initiative garantit la transmission des savoirs ancestraux, prend soin des sols et préserve la biodiversité locale. En janvier 2019, le village de Bellevue a enfin obtenu l'attribution d'une Zone de droits d'usage collectifs de 39 000 hectares et d'une concession de 1 000 hectares.

Ce lien à la terre n'est pas une forme de propriété, mais bien l'expression d'une relation beaucoup plus profonde et humble qui traduit l'interdépendance entre la terre nourricière et ses gardiens. Un tel projet de recherche d'autonomie alimentaire, n'est pas lié à une volonté de s'isoler de la société occidentale, mais découle d'une cohérence intellectuelle qui impose, pour vivre en accord avec des valeurs ancestrales, de respecter sa terre et ses racines.

En quittant Bellevue par la route, je me rends compte à quel point Cécile et Franck sont cernés de toute part. En périphérie du village, l'agriculture intensive fait des ravages, des projets de biomasse s'installent de manière insidieuse et des terres ancestrales sont arbitrairement distribuées aux porteurs de projets sans que les représentants des peuples autochtones ne soient consultés. Obtenir des terres collectives restituées par l'État serait un moyen pour eux de préserver l'intégrité de ces espaces convoités. Selon les chiffres de la Banque mondiale, les terres des peuples autochtones couvrent un quart des territoires mondiaux, mais ces peuples sont les gardiens de 80 % de la biodiversité mondiale. Force est de constater qu'il y a bien d'un côté, un modèle de société dite « moderne » mais qui repose sur l'exploitation de la terre et de l'autre, une civilisation ancestrale qui vit, agit et pense en symbiose avec la nature. L'un est condamné à muter ou disparaître car son modèle de fonctionnement dépasse les limites planétaires et compromet la pérennité de ses propres conditions d'existence. L'autre est résilient et s'attache à trouver un équilibre entre les humains et leur écosystème. Nous devons trouver les modalités pour réconcilier ces deux mondes et échanger notre modèle de domination pour devenir à notre tour des gardiens et gardiennes de la nature.

Pour cela, il est nécessaire de déconstruire certaines grandes règles, comme la protection de la propriété privée lorsqu'elle porte atteinte à l'intérêt général. Fruit de constructions historiques et sociales, la prévalence des libertés et droits individuels, au lieu d'œuvrer pour le bien de notre société, a accentué les inégalités et conduit à l'exploitation à outrance du vivant. Lutter contre la crise écologique nécessite aujourd'hui de repenser la sécurisation de nos communs et la protection des intérêts des générations actuelles et futures. Cette démarche intellectuelle, présente une phase de déconstruction puis de reconstruction. Elle doit être créative, positive et véritablement inclusive. Inventer ensemble des mécanismes de résilience collective pour assurer la préservation de la terre et les besoins essentiels de chacun : nous pouvons nous inspirer des savoirs des Premières Nations pour reprendre notre avenir en main.

Chapitre 4

Montagne d'or, le fléau de l'Amazonie

Eldorado, le pays de l'or. Un mythe qui a fait de l'Amérique du Sud, le fantasme des pillards européens, condamnant de nombreuses civilisations locales à l'extinction. La Guyane ne fait pas exception. La France y est présente depuis le XVIIe siècle. Elle y envoie ses indésirables, prisonniers politiques, monarchistes, prêtres, puis les « incorrigibles », multirécidivistes déclarés inaptes à la réinsertion dans la société métropolitaine française. L'or est présent sur le territoire, c'est certain puisque les Amérindiens portent des parures de ce métal précieux, mais pendant très longtemps, les colons ne réussissent pas à localiser le trésor caché dans le sous-sol.

Des campagnes de prospection conduisent à la découverte des premiers gisements aurifères en 1855 mais ce n'est qu'à la fin du XIXe siècle, que l'industrie de l'or prend véritablement son envol avec l'exploitation de filons célèbres qui ont marqué l'histoire du territoire guyanais. Les frères Isnard, Paul et Ernest sont les chercheurs d'or les plus illustres de cette époque. Se frayant un chemin à travers la forêt guyanaise, ils mettent à jour plusieurs gisements sur les fleuves Kourou, Sinnamary et jusqu'à la Mana où de nombreux villages de mineurs s'implantent et forment aujourd'hui le « district minier de Paul Isnard ». Cette génération d'orpailleurs ne dispose pas de moyens technologiques modernes, mais d'une connaissance solide de la géologie et du milieu amazonien. Les noms donnés aux sites d'orpaillage « Dieu merci », « Enfin ! », ou encore « Pas trop tôt », sont évocateurs de la dureté des conditions de recherche des gisements aurifères.

Des sociétés se créent afin de lever les fonds nécessaires à l'exploitation des filons de ces contrées reculées. L'État distribue des concessions minières officielles, de plus en plus nombreuses sur le territoire. Au début du XXe siècle, la Guyane devient pour beaucoup d'aventuriers en quête de fortune, cet eldorado où chacun tente sa chance. Plusieurs dizaines de milliers de mineurs, sans autorisation, investissent le territoire. Ils profitent du laisser-faire de l'administration locale qui voit dans cette armée de « pionniers » une aubaine pour faire l'inventaire des ressources aurifères de Guyane et trouver de nouveaux filons. Mais cette situation n'est pas tenable pour les exploitants légaux qui voient leurs terrains investis par ces travailleurs indépendants, appelés « maraudeurs » et qui pillent leurs concessions.

Après une période de quasi-disparition de l'exploitation minière en Guyane, le cours de l'or flambe à la sortie de la Seconde Guerre mondiale, et la France relance la machine en distribuant de nouvelles concessions. Le district de Paul Isnard est ainsi découpé en plusieurs parcelles, dont la concession n° 215-C02/46 délivrée en 1946 pour une durée illimitée à la Société d'études et d'exploitations minières de l'Inini. C'est sur cette concession dite « historique » en raison de son attribution sans date de péremption, que la compagnie Montagne d'or, détenteur du titre minier après de multiples rachats, s'est implantée.

La compagnie Montagne d'or tente de faire son trou

Juin 2017. La compagnie Montagne d'or annonce son intention d'exploiter sur ce site un gisement alluvionnaire appelé Bœuf Mort, avant de passer aux choses sérieuses avec un projet de mine à ciel ouvert, le fameux projet Montagne d'or.

Au sein du collectif Or de question, nous sommes persuadés que l'exploitation de Bœuf Mort est en fait un cheval de Troie afin de permettre l'installation de la méga-mine Montagne d'or. En effet, depuis la première attribution du permis, une réforme du code minier est entrée en vigueur pour tenter de mettre un peu d'ordre dans ce *Far West* juridique. Les nouvelles dispositions légales ont fixé une date d'expiration à toutes les anciennes concessions historiques : le 31 décembre 2018. La conséquence directe pour la compagnie Montagne d'or qui prévoit l'ouverture de la mine à ciel ouvert à l'horizon 2022, est donc la nécessité d'obtenir la prolongation de sa concession pour plusieurs dizaines d'années afin de conserver l'accès au site minier. Mais pour obtenir le renouvellement de ses droits miniers, l'exploitant doit justifier d'une activité d'exploitation du site au 31 décembre 2018. L'objectif est d'éviter que les concessions qui ne sont plus exploitées le restent indéfiniment, alors même que d'autres exploitants seraient désireux de prendre le relais.

Pour conserver sa concession, la compagnie minière doit donc ouvrir rapidement une autre exploitation alibi et le projet Bœuf Mort tombe à pic. Profitant des congés estivaux, l'État organise une consultation publique en catimini sur le projet Bœuf Mort qui débute le 29 juin 2017 et qui doit initialement durer un mois. Ces méthodes néocoloniales consistant à s'implanter sur le territoire en s'imposant discrètement à la population sont profondément choquantes. Au sein du collectif Or de question, nous décidons rapidement d'organiser la riposte.

Pour participer, les citoyens peuvent consulter le dossier en ligne ou se déplacer à la mairie de Saint-Laurent-du-Maroni aux heures d'ouverture. Cinq permanences sont tenues, chaque jeudi de 9 à 12 heures. Aucune présentation du projet, ni débat n'est prévu pour répondre aux questions des habitants de Guyane. À la date d'ouverture de l'enquête certains documents d'information ne sont pas disponibles en ligne. Sur un territoire aussi vaste que le Portugal avec un accès à internet très limité, supposer que nos concitoyens puissent se déplacer jusqu'à Saint-Laurent-du-Maroni pour lire le dossier de 402 pages et laisser un commentaire dans le registre à feuillets de M. le commissaire enquêteur relève du délire. Ce processus d'enquête publique, pensé pour les territoires de métropole, est d'une inefficacité redoutable en Guyane. Par contre, cette organisation permet aux porteurs des projets de s'affranchir finalement de ce qui constitue pour eux une désagréable formalité démocratique.

Au sein du collectif, nous avons donc défini une stratégie pour favoriser l'expression du public. J'ai quelques bases en matière de mobilisation en ligne, grâce à quoi nous avons rapidement mis en place un formulaire accessible sur internet permettant aux citoyens qui souhaitaient s'exprimer sur le projet d'écrire leurs propres arguments ou de composer leur message à partir d'une liste d'arguments prérédigés, puis d'envoyer leur avis directement au commissaire enquêteur. Grâce à cet outil numérique et au relais bien organisé de nos partenaires, la boîte mail du commissaire enquêteur est inondée en quelques heures par plusieurs milliers d'avis opposés au projet. Le message est clair : les citoyens réclament massivement un débat public plus large incluant le projet de mine industrielle à ciel ouvert et expriment leurs inquiétudes face aux dégâts écologiques liés à la déforestation et à la destruction d'espèces végétales et animales protégées.

Après quelques jours, notre stratégie montre ses premiers effets. Le commissaire enquêteur annonce la prolongation du délai de consultation. Nous gagnons un mois supplémentaire et surtout la tenue d'une réunion publique le 27 juillet, en présence d'un représentant de la compagnie Montagne d'or. Une bonne occasion de faire directement entendre nos revendications à l'entreprise minière mais aussi à la presse présente pour l'occasion.

Le président marqué au roucou

27 juillet 2017. Le jour J, la salle du Centre des cultures et des loisirs de Saint-Laurent-du-Maroni est bondée. Deux cents personnes se pressent à l'intérieur, certaines assises sur les chaises face à la table des intervenants, d'autres le long des murs. En guise d'accueil, une longue banderole a été installée dans le fond de la pièce. En grosses lettres noires, le message se distingue clairement : « NON à la méga industrie minière en Guyane ». Un pied de nez bien visible adressé aux industriels qui font face à l'auditoire encore silencieux. Dans la salle, les t-shirts rouges des membres du mouvement de Jeunesse autochtone se distinguent clairement. Les jeunes des villages amérindiens de Terre-Rouge, de Balaté ou de village Pierre, aux alentours de Saint-Laurent-du-Maroni sont venus nombreux.

Rock Lefrancois, le président de la compagnie Montagne d'or est accompagné des cadres de la société. Alors que le commissaire enquêteur lance les présentations, les premières répliques ne se font pas attendre : « On n'a pas besoin d'information, on a besoin qu'ils s'en aillent de ce pays » lance quelqu'un dans l'assistance. Et pour cause, les représentants de Montagne d'or ont prévu un long exposé sur l'histoire de l'or en Guyane et de l'exploitation du secteur Paul Isnard. Le directeur des affaires réglementaires présente dans le détail le projet de mine, entrecoupé par les participants dans la salle qui le prennent régulièrement à partie. Face aux interrogations répétées du public, les responsables plaident la « confusion » entre le projet Bœuf Mort et celui de méga-mine industrielle. Ils tentent de minimiser les impacts de leurs activités en mettant en avant les potentielles retombées économiques. Les habitants ne sont pas dupes et les échanges se raidissent. « Depuis 1986 vous exploitez l'or sur Saint-Laurent, qu'est-ce que cela a changé pour nous ? », demande une personne dans le public.

Lorsque le moment des questions-réponses arrive, Christophe Yanuwana Pierre s'exprime en tant que porte-parole du mouvement Jeunesse autochtone :

> *Vous venez d'ailleurs, cela vous a déjà été souligné à plusieurs reprises. Vous êtes venus avec Colombus Gold [la société canadienne associée à l'entreprise russe Norgold détient la compagnie Montagne d'or]. Au nom de mon peuple je vous demande de quitter ce pays, vous n'êtes pas les bienvenus. Est-ce que l'on peut exploiter l'or en Guyane ? Cela a rapporté quoi à la Guyane à part des cours d'eau pollués ? Pour le moment cela n'a rien rapporté et cela ne rapportera rien ! Moi, je vous oppose l'expertise des anciens qui démontre, que faire des trous dans la terre qui nous nourrit n'est pas une bonne chose, il n'y a pas à débattre là-dessus. Merci.*

Le président de Montagne d'or, M. Rock Lefrancois lui répond :

> *Je vous ai entendu, je vous comprends très bien. Je suis originaire du Canada, on y développe des mines responsables, dans les territoires amérindiens. Au Canada, les Amérindiens ont un statut*

particulier et l'entrée dans leur territoire est soumise à négociation avec ces peuples. On ne peut développer une ressource sans accord préalable avec eux.
Je ne veux pas rentrer dans un débat politique, peut-être faudrait-il que vous ayez un statut particulier. Pour l'instant, la constitution française ne le permet pas encore. C'est peut-être là le vrai débat, de savoir comment on peut travailler ensemble, pour développer la ressource qui est sur le territoire et qui appartient à l'État français. Le débat devrait se faire en Guyane pour développer ces ressources, et il doit incorporer vos attentes. Si vous n'êtes pas d'accord, il faut vous écouter, nous le savons très bien.

Ce discours au ton complice ne convainc pas les représentants amérindiens présents. Éléonore Johannes, présidente du Collectif des Premières Nations et porte-parole de Or de question, ne se prive pas de le faire savoir :

Au Canada, les Amérindiens ont un territoire et vous devez demander l'autorisation, mais en Guyane, cela n'existe pas. En revanche, le droit international prévoit que lorsqu'un projet doit intervenir sur un territoire autochtone, on doit leur demander leur avis préalable et éclairé, ce qui n'a pas été fait et que ce soit le projet Montagne d'or ou la mine Bœuf Mort, c'est pareil. Vous n'avez pas demandé aux communautés autochtones de vous installer sur des territoires ancestraux. Je pense que vous êtes hors la loi. Selon les Nations unies, il faut demander le consentement préalable des populations qui seront impactées par le projet sur le territoire.

Le président de Montagne d'or ne se laisse pas décontenancer et répond toujours sur la même ligne, mais visiblement un peu plus agacé. Il propose de faire une étude des zones actuellement utilisées par les peuples autochtones. S'il avait été un peu plus clairvoyant, il aurait compris que cela n'est nullement de son ressort. Comme les Français ayant déclaré quelques siècles auparavant ce territoire *Terra Nullius,* la compagnie Montagne d'or s'arroge le droit de faire sa propre carte de Guyane afin de s'installer en fin de compte où bon lui semble.

Dans la salle, la grogne monte. Le commissaire enquêteur a le plus grand mal à canaliser les interventions des participants présents. Les prises de parole fusent. Qu'est-ce que les compagnies Nordgold et Colombus Gold ont fait de bien pour les pays où elles sont implantées ? Pourquoi n'y a-t-il pas de présentation des impacts économiques pour la Guyane ? Ce projet n'est même pas rentable, alors pourquoi détruire la nature ? Les porteurs du projet en viennent à se contredire eux-mêmes. Ils expliquent, comme nous nous en doutions, qu'il leur faut exploiter le site pour conserver leur concession, raison pour laquelle ils sous-traitent le projet Bœuf Mort. Mais malgré cela, ils refusent toujours de reconnaître un quelconque lien avec le projet Montagne d'or. Ce qui devait être un débat devient une immense cacophonie.

Au milieu de cette débandade, des membres de Jeunesse autochtone se lèvent et se dirigent vers la table des représentants de Montagne d'or. Une fois à leur niveau, ils enduisent le visage du président avec du roucou, une pâte rouge écarlate, peinture corporelle utilisée lors des rituels amérindiens. Le geste est solennel, sans violence mais le message, lui, est extrêmement fort : il n'y aura pas de projet minier en territoire autochtone.

Même si cet épisode est passé sous silence dans les médias locaux, les réactions ne se font pas attendre dans les réseaux militants, galvanisés par cette témérité. Après la frustration accumulée depuis des semaines, ces sentiments d'injustice et de révolte, enfin, quelqu'un ose casser les codes bien rodés du débat public pour être écouté et pris au sérieux.

Les conseils des sages

Qu'allaient dire les anciens ? Quelle serait la réaction des chefs coutumiers lorsqu'ils apprendraient que la Jeunesse autochtone a poussé la confrontation jusqu'à utiliser un marqueur de l'identité amérindienne, la peinture au roucou, pour s'opposer à une multinationale ?

Le 9 août 2017, c'est au village arawak de Sainte-Rose-de-Lima que les chefs, venus des quatre coins de la Guyane, se donnent rendez-vous, pour la Journée des peuples autochtones. Les Arawak (ou Lokono) vivent principalement sur le littoral de Guyane. Ils sont assez peu nombreux, seulement quelques centaines en Guyane française, contrairement aux pays voisins, au Suriname ou au Guyana où ce peuple compte plusieurs milliers de personnes. La Montagne d'or est à l'ordre du jour. Les chefs sont très inquiets. Contre ces projets miniers, la préservation de leurs terres est un combat commun qui les rassemble. Autoriser un projet comme Montagne d'or sur un territoire autochtone, sans consulter les autorités coutumières, c'est remettre en question leurs droits à tous. La conclusion de leurs discussions est des plus claires : les conséquences écologiques du projet sont inacceptables. À la majorité, ils se déclarent contre. La Jeunesse autochtone a donc carte blanche pour agir et mener des actions, mais les anciens leur demandent toutefois de ne jamais avoir recours à la violence.

Du côté des industriels, quelques mois après ce premier accrochage, le conseil d'administration annonce « un renforcement de la gouvernance de la société ». Le tumultueux Rock Lefrancois, président de Montagne d'or qui voit rouge depuis son baptême amérindien et multiplie les déclarations outrancières dans les médias et sur les réseaux sociaux est révoqué. À sa place, la société nomme Pierre Paris, un professionnel qui a travaillé pour les plus gros groupes miniers au monde. Orano (ex-Areva-Cogema), Rio Tinto, Vale et BHP Billiton…

Des entreprises à la réputation sulfureuse, et dont le nom évoque de nombreux écocides, notamment des ruptures de digues de déchets miniers au Brésil. Avec sa nomination, la compagnie Montagne d'or se prépare à sortir le grand jeu. Pour l'administration française, c'est un gage de sérieux, pour les associations, c'est un avertissement.

Bœuf Mort, le bras de fer juridique s'engage

Avec deux mois de retard, le 15 novembre 2017, le commissaire enquêteur du projet Bœuf Mort publie enfin son rapport tant attendu. Bourré de fautes d'orthographe, de passages laissés vides, de copiés-collés de documents produits par la compagnie Montagne d'or, sans parler des annexes manquantes, ce document est tout simplement scandaleux. Alors que grâce à notre formulaire en ligne, 7 613 avis s'exprimant contre le projet avaient été déposés auprès du commissaire enquêteur, 2 000 d'entre eux n'ont pas été comptabilisés. Plus grave : en réponse aux questions soulevées par les citoyens, le commissaire enquêteur se contente de renvoyer sur un ton condescendant aux documents de la compagnie Montagne d'or au lieu de fournir un avis « personnel et motivé » comme le prévoit la loi. Refusant toujours de reconnaître le lien entre l'exploitation de Bœuf Mort et l'installation de la mine industrielle, ses conclusions laissent transparaître un profond mépris pour les milliers d'avis négatifs, fruits selon lui d'une « confusion » entre les deux projets.

Le texte du rapport révèle même quelques pépites. Aux préoccupations des milliers d'avis déposés qui s'opposent au projet en raison de son impact sur la biodiversité, les écosystèmes forestiers et le climat, le commissaire enquêteur répond qu'au regard de l'état déjà dégradé de la zone, l'impact environnemental est « nul »... Parmi les nombreuses affirmations péremptoires du dossier, le commissaire enquêteur s'appuie en outre sur le dogme des entreprises minières selon lequel l'orpaillage légal est le seul rempart efficace contre les orpailleurs clandestins. Une affirmation dénuée de tout fondement et démentie de longue date par les agents de l'Office national des forêts (ONF) et de la gendarmerie.

En effet, la réalité sur le terrain est tout autre. Les routes aménagées à travers la forêt pour rallier les sites d'orpaillage légaux permettent aux orpailleurs illégaux, aux braconniers et aux trafiquants de drogue de s'infiltrer dans des zones qui étaient jusqu'alors préservées des intrusions humaines. L'association Systext qui regroupe des professionnels du monde de la mine parle « d'effet boîte de Pandore » pour décrire l'impact catastrophique de l'ouverture de nouvelles pistes à l'intérieur des écosystèmes forestiers. En Guyane, tout le monde sait que les entreprises minières légales et les chercheurs d'or clandestins sont de mèche. Depuis le début du XXe siècle, les sociétés aurifères mettent en place d'astucieuses relations commerciales avec les orpailleurs illégaux (« les maraudeurs ») et les travailleurs indépendants sous-traitants (« les bricoleurs »). Afin de capter le maximum de leur production, les entreprises s'imposent comme leurs fournisseurs, se faisant payer en poudre d'or et à des tarifs exorbitants. Cette pratique évite aux illégaux les trajets de réapprovisionnement jusqu'aux villes, souvent distantes de plusieurs jours de pirogue. Ce système qui perdure aujourd'hui n'est pas un si mauvais deal après tout, surtout pour les « légaux » qui récupèrent l'or sans payer ni charges sociales pour les mineurs, ni coûts liés à la protection de l'environnement.

Depuis quelques années, les compagnies minières vont même plus loin dans le cynisme. Comme elles ont de plus en plus de difficulté à obtenir des permis miniers, elles utilisent l'argument fallacieux selon lequel elles seraient le dernier rempart contre l'orpaillage illégal, pour réclamer à la Préfecture une autorisation d'exploitation sur une zone lorsqu'un chantier clandestin y est démantelé sous prétexte d'occuper le terrain pour « éviter que les clandestins ne s'y réinstallent ».

Ce tour de polichinelle est révoltant. Au lieu de se faire son propre avis, le commissaire enquêteur se fait le porte-parole des exploitants, reprenant à l'identique leurs concepts, leurs théories et leurs objectifs. Cela serait risible si le dossier n'était pas aussi dramatique. À la fin de son rapport, sans surprise, le commissaire enquêteur donne un avis favorable à la demande de la compagnie Montagne d'or. Celle-ci vient de cocher sa première case dans le processus administratif des autorisations nécessaires à la réalisation du projet. Il lui reste encore à obtenir le feu vert de la Commission départementale des mines de Guyane.

Malheureusement, du côté de cette commission, il n'y a rien à attendre. Les représentants des peuples autochtones et des associations écologistes y sont en minorité avec seulement quatre sièges. Face à eux, les représentants des exploitants miniers, de la Préfecture et les élus des collectivités sont trois fois plus nombreux. Les opposants au projet ont beau contester l'attribution des permis, mettre en avant l'impact sur la biodiversité ou sur l'économie locale, rien n'y fait, leurs voix ne suffisent pas à renverser le résultat du vote. La Commission donne systématiquement un avis positif.

Le 13 décembre 2017, la préfecture de Guyane délivre donc un permis d'exploitation à la compagnie Montagne d'or pour le site Bœuf Mort. Les milliers d'avis négatifs déposés par les Guyanais, les nombreux vices de procédure que nous avons soulevés, l'avis négatif unanime des chefs coutumiers n'ont pas été suffisants pour arrêter là ce scandale humain et écologique. Quelle frustration pour les membres du collectif Or de question, pour moi évidemment. D'autant qu'au gouvernement,

Nicolas Hulot affiche son soutien aux peuples autochtones du Brésil et défend la protection de la forêt d'Amazonie, alors que notre petit collectif citoyen se bat en première ligne en Guyane pour s'opposer au plus gros projet de mine industrielle que la France ait jamais connu. Mais le ministre de l'Écologie fait la sourde oreille.

Quel meilleur carburant que la colère face à l'injustice ? Nous décidons de demander l'annulation du permis délivré à la société Montagne d'or et je mets toute ma frustration dans la rédaction du recours pour saisir le tribunal administratif de Cayenne. Les arguments ne manquent pas. Dans ce dossier, la direction de l'Environnement, de l'Aménagement et du Logement (DEAL) a joué à la fois le rôle d'autorité instructrice de la demande de permis et en même temps d'autorité environnementale chargée de l'appréciation de la qualité de l'étude d'impact du projet. Elle a donc été à la fois chambre d'enregistrement de la demande d'autorisation et expert indépendant. Cette double casquette est interdite par la législation européenne et le code de l'environnement pour éviter que les services de l'État soient juge et partie. Au jeu des chaises musicales, la compagnie Montagne d'or a d'ailleurs une longueur d'avance puisque leur jeune directeur des affaires réglementaires était il y a encore quelques mois un collaborateur du service de l'unité mines dans l'administration guyanaise. Il s'est mis en disponibilité pour être embauché par la compagnie minière en vue du gros chantier à venir. Au lieu de débaucher l'Administration, Montagne d'or l'embauche…

Contrairement à ce que les représentants de la compagnie Montagne d'Or et des administrations tentent de nous faire croire, nous sommes bien déterminés à montrer qu'il n'y a aucune confusion de notre part entre les projets Bœuf Mort et Montagne d'or et qu'en réalité ils n'en forment qu'un. Je soutiens devant la justice qu'il n'est pas possible d'examiner les impacts environnementaux du petit projet alluvionnaire

Bœuf Mort, sans présenter ceux de la méga-mine industrielle à ciel ouvert. Ce genre de pratique s'appelle du « saucissonnage de projet » et est formellement proscrit par les normes européennes. Il consiste à découper de gros projets à fort impact en de multiples petits projets, d'apparence inoffensive lorsqu'ils sont présentés de manière isolée. Ces méthodes privent les citoyens et l'Administration de l'occasion de se faire une idée fidèle des enjeux globaux, à la fois écologiques mais également économiques et sociaux.

Le 9 février 2018, le texte du recours est bouclé et le collectif Or de question dépose officiellement sa demande d'annulation du permis Bœuf Mort. Difficile de prévoir ce que le juge du tribunal administratif de Cayenne en pensera. Il est déjà tellement difficile d'obtenir une victoire dans ce domaine en métropole, alors dans une juridiction d'Outre-mer où l'Administration est majoritairement favorable à l'industrie minière… Je ne sais pas à quoi m'attendre. Impossible non plus de connaître la date à laquelle nous aurons la réponse du juge, alors que pendant ce temps, les industriels vont commencer à exploiter le site. Dans cette situation, le plus important finalement est d'être ici, en Guyane, aux côtés de ceux qui se battent sur le terrain pour préserver leur cadre de vie et leur environnement. Finis les mobilisations en ligne, les pétitions et les recours, il faut retourner sur le terrain.

Veillée d'arme contre le projet Montagne d'or

Mars 2018. Le collectif Or de question a pour habitude de se retrouver le soir sous le carbet du réseau régional GRAINE Guyane, une association spécialisée dans le développement de l'éducation à l'environnement. Dans le petit jardin planté de grands arbres, nous formons un cercle avec quelques tables et des chaises. C'est ici que se rencontrent des militantes et militants de tous horizons. Les discussions durent parfois jusque tard dans la nuit pour organiser nos actions. J'y rencontre des femmes et des hommes aux parcours éclectiques et aux valeurs militantes inestimables, tous profondément amoureux de l'Amazonie, passionnés par la faune et la flore de ce territoire qu'ils connaissent sur le bout des doigts.

Ce soir-là, notre réunion a pour objet de préparer le grand débat public qui doit se tenir sur le projet Montagne d'or, programmé du 7 mars au 7 juillet 2018. La compagnie minière a tenté de se soustraire à l'organisation d'un débat public en fournissant une évaluation financière manifestement sous-dimensionnée du projet, afin de passer sous les seuils prévus par le code de l'environnement. Bien tenté, mais France Nature Environnement a sonné le branle-bas de combat en plein été 2017 pour recalculer les budgets et saisir la Commission nationale du débat public (CNDP[1]) qui s'est saisie de la question. « Le débat devra se faire en Guyane », « Il faudra que cela passe par la concertation des Amérindiens » et « Si vous n'êtes pas d'accord, il faut vous écouter, nous le savons très bien », déclaraient les dirigeants de Montagne d'or le 27 juillet 2017 durant la réunion publique à Saint-Laurent-du-Maroni. Mais, moins d'un an plus tard, les engagements, les fausses promesses formulées pendant l'enquête Bœuf Mort sont passés aux oubliettes. La compagnie Montagne d'or n'a jamais souhaité le moindre débat public, à l'épreuve des faits leur parole n'a aucune valeur. Cela a-t-il du sens de participer malgré tout à ce nouveau débat public ? Devons-nous appeler au boycott ou tâcher de dénoncer les mensonges de la compagnie Montagne d'or ? Une chose est sûre, personne

1. La CNDP est une autorité indépendante chargée de l'organisation des processus participatifs tels que le débat sur le projet Montagne d'or en Guyane.

ne veut rester les bras croisés. Si nous ne participons pas, la compagnie aura la voie libre pour faire la publicité de son projet et convaincre les indécis. Si nous participons, nous prenons le risque de donner du crédit à ce qui pourrait bien être un simulacre de démocratie, mais au moins nous pourrons dénoncer les dangers de la mine.

Au cours de cette réunion, je suis surprise mais aussi très heureuse de la proposition des membres du collectif qui me demandent de devenir une de leurs porte-parole. Je travaillerai avec Nora Stevenson, cinquante ans de militantisme au service de la Guyane, Michel Dubouillé, représentant du parti Guyane Écologie, Éléonore Johannes, présidente du Collectif des Premières Nations et Patrick Monier, habitant de Guyane depuis vingt ans et fondateur de Maiouri Nature Guyane. Ces nouvelles responsabilités sont intimidantes et je n'en mesure pas encore toutes les conséquences, mais je leur fais confiance, nous sommes une équipe soudée. Évidemment, ce nouveau poste ne va pas améliorer mes relations avec les représentants de la préfecture de Guyane…

Roulement de tambour pour le débat public

La réunion d'ouverture du débat public se tient à Saint-Laurent-du-Maroni le 3 avril 2018. Tout le monde a fait le déplacement pour l'occasion. Le soir précédent, nous avons rendez-vous à Awala-Yalimapo, une commune amérindienne sur le littoral, pour établir notre stratégie et rencontrer les membres de la Jeunesse autochtone qui coordonnent la mobilisation locale. L'ambiance, même électrisée par les préparatifs, est chaleureuse et le cadre magnifique. Le village est situé à l'extrémité ouest de la Guyane, à l'embouchure du fleuve

Maroni. Les carbets traditionnels sont posés sur le sable blanc où la nuit, les immenses tortues luth sortent de la mer pour pondre leurs œufs. En face, c'est l'océan Atlantique. Mais ici, l'eau est marron, colorée par les matières en suspension rejetées par le fleuve. Au bord du rivage, là où la vase se dépose, des poissons étranges nagent par petits groupes. Les locaux les appellent les « gros yeux ». Ils ont une grande bouche, une tête très plate et deux énormes globes oculaires qui dépassent de l'eau pour épier les alentours. Si leurs yeux sont aussi gros, c'est parce qu'ils ont une particularité unique : leur rétine divisée en deux leur permet d'avoir une vision parfaite à la fois au-dessus et sous l'eau. Ils s'enfuient à mon approche, comme des nuées de petites bulles posées à la surface et dans lesquelles se reflètent les étoiles. Adossé à l'Équateur, le ciel de Guyane est immaculé de la pollution lumineuse des villes, lever la tête vous projette dans la sphère céleste. Ce soir, tout est calme, tout le monde est allé se coucher et le carbet s'est transformé en une pouponnière pleine des petites chrysalides endormies que nous sommes dans nos hamacs.

Il est convenu de se retrouver, une heure avant le début de la réunion publique, pour une marche de protestation équipés de banderoles et de tambours. Les représentants des villages autochtones défilent en premier, suivis des 500 frères[2], du collectif Or de question et de tous les habitants venus pour l'occasion. Les femmes amérindiennes du mouvement de la Jeunesse autochtone marchent en tête de cortège, une manière de signifier la défense de la vie, de l'eau et de la terre. Tous sont en costumes traditionnels, les visages peints de rouge et de noir, accompagnés de Jean-Jacques et son énorme tambour qui résonne pour rythmer la marche. Au fur et à mesure que nous approchons du chapiteau où se tient la réunion, le cordon

2. « Les 500 frères » est un collectif de lutte contre la violence et l'insécurité en Guyane qui a été particulièrement actif au cours des mobilisation de mars-avril 2017.

de gendarmes se resserre devant l'entrée et bloque le cortège. Christophe Yanuwana Pierre s'avance pour parlementer mais il est repoussé par les forces de l'ordre. Olivier Goudet, le leader des 500 frères, s'interpose immédiatement. Mégaphone devant la bouche, il hurle sur le gendarme : « Vous ne toucherez pas à nos frères amérindiens, ceci n'est pas un exercice ». La scène est surréaliste. Les gendarmes reculent, clairement impressionnés par le niveau sonore et la tension qui est montée en quelques secondes. Ils se replient et ouvrent le passage pour nous laisser entrer. Nous sommes maintenant dans l'œil du cyclone, le chapiteau est très silencieux. Les quelques officiels, le président de la collectivité de Guyane et d'autres membres de l'administration locale ont fait le déplacement mais parmi les quatre cents personnes présentes, nous sommes nettement en majorité.

Tout est prévu pour que le débat soit une parfaite opération de marketing : le grand écran pour diffuser le spot publicitaire de Montagne d'or, les tables bien agencées pour les belles photos officielles, la brochette d'élus pro-mines pour le communiqué de presse… La réunion commence dans le calme mais les opposants au projet s'impatientent en écoutant les prises de parole successives des représentants de la compagnie minière. L'ambiance est électrique et des interventions spontanées commencent à fuser des quatre coins de la salle. Seuls les chefs, les bras croisés, impassibles, restent silencieux, dignes. Sans se presser et sans que personne n'ose les en empêcher, Christophe Yanuwana Pierre et quelques jeunes se lèvent et montent accrocher sur la scène une banderole affichant le slogan « Non à la Montagne d'or » juste derrière les représentants miniers interloqués. Christophe prend la parole et rappelle aux dirigeants de la compagnie que leur projet a été rejeté par les chefs coutumiers et qu'ils ne sont pas les bienvenus. Se tournant vers les élus, il leur reproche de soutenir le pillage de la Guyane et la destruction de la nature. Son doigt est pointé vers le président de la collectivité territoriale dont le visage vire au rouge et se décompose.

Tentant de poursuivre la présentation, les représentants de Montagne d'or diffusent un spot publicitaire vantant les mérites de la mine durable. Nous ripostons. Pour respecter le principe d'égal temps de parole, nous demandons l'autorisation de montrer nous aussi une petite vidéo sur les impacts de la mine. Les organisateurs se regardent visiblement contrariés, avancent le prétexte pour refuser que cela n'était pas prévu et qu'ils n'ont pas pu voir la vidéo en amont. Leur réaction déclenche un vacarme hallucinant, si bien qu'ils finissent par accepter que notre vidéo soit projetée. Dans la salle satisfaite de nouveau silencieuse, notre petit film présente les impacts réels de l'industrie minière : la pollution, la destruction de la biodiversité, les ruptures de digues et les témoignages de peuples vivant à proximité de mines à ciel ouvert au Suriname et au Brésil. Toute la stratégie de greenwashing de la compagnie Montagne d'or s'écroule comme un château de cartes. Les dirigeants de Montagne d'or essaient maladroitement de reprendre le contrôle de la réunion publique, mais les représentants amérindiens se lèvent et se dirigent vers la sortie, laissant les quelques dizaines d'élus et de curieux derrière eux.

Dehors, c'est la fête. La nuit est tombée et sous les lampadaires, Jean-Jacques et Alexis font résonner les tambours et entonnent des chants guerriers. Dans un halo de lumière, une foule d'Amérindiens, de créoles, de blancs qui marque le pas à chaque pulsation, scande, crie et rit. La tension est redescendue et les visages qui étaient il y a quelques instants encore si sérieux, sont maintenant fendus d'un large sourire. Sous le chapiteau, les dirigeants de Montagne d'or doivent nous entendre. Ce premier débat public est un fiasco pour eux. Depuis ce soir-là, je suis convaincue qu'ensemble nous sommes invincibles et que nous réussirons à leur faire plier bagage, même si la lutte qui s'annonce est encore longue.

Au total, une quinzaine de réunions est prévue. Nous nous organisons pour être présents à tour de rôle, informer les habitants, dénoncer le greenwashing sur la mine durable et « traduire » le jargon technocratique des représentants de la compagnie Montagne d'or. Inlassablement, les membres de Or de question assurent la contradiction et présentent les chiffres qui n'apparaissent pas dans la communication officielle. Nous avons bataillé pour obtenir les informations sur la composition des sols en métaux lourds sur le site et la compagnie refuse toujours de nous fournir un bilan carbone.

Le 4 avril 2018, le débat public se poursuit dans la petite salle de la mairie de Saint-Laurent-du-Maroni pour un atelier chastement appelé « le fonctionnement de la mine, les risques et leur gestion par le maître d'ouvrage », avec la participation d'un expert du Bureau de recherches géologiques et minières (BRGM). Au sujet de la prévention des pollutions des nappes phréatiques et des ruptures de digue, un représentant de la compagnie déclenche l'hilarité générale lorsqu'il essaie de nous convaincre que 45 millions de mètres cubes de déchets miniers pourront être stockés sans risque derrière une digue de 60 mètres de haut grâce à une « géomembrane » imperméable, d'une durée de vie de 166 années. « Vous l'avez testé depuis longtemps alors » ricane-t-on dans la salle. Lorsque l'expert du BRGM explique que les risques de pollution atmosphérique liée aux poussières générées par les transports par route seront réduits par diverses techniques, notamment en arrosant le sol avec de la mélasse de canne à sucre, la salle est carrément atterrée... Quand le micro m'est enfin tendu, je demande si la compagnie Montagne d'or dispose des capacités financières pour faire face aux conséquences économiques d'une éventuelle catastrophe industrielle, comme la rupture d'une digue par exemple. Dans ces situations, la restauration des écosystèmes fluviaux et forestiers se chiffre en milliards d'euros, alors que le capital social de Montagne d'or n'atteint même pas un million d'euros. Impossible dans ces conditions de faire payer les responsables de la compagnie alors que les actionnaires qui sont les seuls à disposer des sommes nécessaires, sont deux multinationales étrangères, canadienne et russe, qui n'auront aucun mal à échapper à la justice française.

Dans mon dos, je sens un souffle furieux, je n'ose pas me retourner. J'entends une grosse voix crier qu'« il y en a marre d'écouter les écolos de Or de question ». Issu d'une famille d'orpailleurs traditionnels depuis des générations, celui que tout le monde appelle « Kiko » défend que l'or fait partie de l'histoire de la Guyane et qu'à cause de la protection de l'environnement, on tue progressivement ce secteur et les emplois des Guyanais. À côté de ce colosse furieux, son acolyte, un petit teigneux répète bêtement des bouts de phrase en nous jetant un regard mauvais. Nora Stevenson joue alors son rôle de porte-parole à merveille. Toutes ses années de militantisme lui permettent de se dispenser facilement du micro pour se faire entendre. Avec diplomatie, elle rappelle à l'orpailleur que le projet industriel Montagne d'or n'a absolument rien à voir avec la mine traditionnelle qu'il souhaite défendre : « c'est comme si tu étais le petit boucher du village, et que tu défendais bec et ongles le projet d'implantation d'un Auchan à côté de chez toi. Au lieu de t'en prendre aux écolos, tu devrais comprendre que c'est Montagne d'or qui va te couler ». Perplexe, mon voisin se calme et reste figé, les mains en croix dans un profond silence. Les échanges reprennent dans la salle, mais au bout de quelques minutes à peine, voilà que Kiko s'exclame à nouveau. Il s'adresse cette fois aux représentants de la compagnie minière : puisque la mine industrielle va leur permettre de faire du profit en Guyane, il leur demande d'obtenir des parts de la société. Quel égoïste cupide, prêt à sacrifier sa terre pour un peu d'argent. Même les industriels ne savent pas quoi lui répondre.

À la fin de la réunion, le directeur des affaires juridiques vient vers moi pour m'assurer qu'il est à ma disposition pour échanger sur toutes les questions que je voudrais lui poser. Il me tend la main, mais épuisée et sur les nerfs, je refuse et je tourne les talons. Il ne manquerait plus qu'on me prenne en photo avec mon t-shirt Or de question serrant la pince du juriste de Montagne d'or, et que je me retrouve sur un dépliant du débat public. Non merci.

Bienvenue au village Pierre

Les réunions se poursuivent et un sujet n'a pas encore été débattu. L'étude préliminaire de la zone où est implanté le projet Montagne d'or indique que le site de la mine est situé dans une région à fort potentiel archéologique comportant de nombreux vestiges de l'époque précolombienne, c'est-à-dire très antérieurs à la colonisation européenne. Les scientifiques ont établi la présence d'au moins cinquante sites à valeur patrimoniale à la suite d'une simple prospection pédestre de surface, sans travaux de fouilles, ni de sondage. Le rapport fait état du « caractère exceptionnel des sites de la région » et d'un « fort potentiel archéologique » en raison de la présence de vestiges « Néo-Indiens » et de quinze « sites à fossés » également appelés « montagnes couronnées » dont la destination reste indéterminée à ce jour. Ces « montagnes couronnées » sont facilement identifiables par les fossés qui entourent les sommets de certaines collines. Les données collectées ne permettent pas d'établir la chronologie des phases d'occupation du site par les populations précolombiennes et nombre de questions sont toujours en suspens quant à la datation, la finalité et l'étendue de ces vestiges. En revanche, ce qui est inquiétant, c'est que ce patrimoine exceptionnel est aujourd'hui en danger d'être détruit par les activités minières.

À la publication de ces informations, les autorités coutumières et les représentants des organisations autochtones ont immédiatement réclamé la préservation de ces sites appartenant à l'héritage culturel et historique des Premières Nations de Guyane. Ils demandent à la ministre de la Culture de l'époque, Françoise Nyssen, ainsi qu'à l'archéologue Stephen Rostain, spécialiste de la période précolombienne, de les soutenir dans leur lutte contre la mine à ciel ouvert. Mais la compagnie minière ne semble pas du tout embarrassée par ces découvertes. Sur le papier, elle s'engage évidemment à empêcher la destruction des sites archéologiques. Alors que personne n'a la moindre idée de ce que contient le sous-sol, la compagnie Montagne d'or promet d'entrée de jeu que la fosse d'extraction creusée à l'explosif contournera les « montagnes couronnées ». Personne n'est dupe… Ce site a une valeur sacrée et il est parfaitement impensable de venir dynamiter quoi que ce soit dans cette région. Les représentants amérindiens réclament que des recherches scientifiques approfondies soient menées car les connaissances sur la culture des peuples autochtones de Guyane sont encore bien minces. Personne n'est encore en mesure de dire si ces sites amérindiens sont des cimetières, des lieux de pèlerinage religieux ou encore des espaces de vie entourés de fortifications.

Afin d'évoquer cette question proprement amérindienne, les autorités coutumières invitent les représentants de la compagnie minière à une réunion publique au village Pierre. Cette rencontre est ajoutée à leur demande sur le calendrier officiel du débat public à la date du 22 mai 2018.

Le chef du village, Julien Pierre est un homme respecté. Ancien militaire, il s'est battu sur de nombreux champs de bataille sous les couleurs de la France. Ses cicatrices sont toujours visibles. Il n'est évidemment pas « anti-Français » mais il se bat pour que l'État respecte le statut et les terres des peuples autochtones. De nombreux membres du collectif Or de question et des 500 frères font le déplacement de Cayenne jusqu'au village Pierre pour montrer leur soutien. L'ambiance est étrange sur la petite place centrale, où flottent les drapeaux français et amérindien. La salle a été préparée, une grande table dressée pour les autorités coutumières et les représentants de l'entreprise. Le président de la Commission nationale du débat public arrive, seul. Il ne semble pas avoir plus d'informations que nous sur la venue des industriels, mais il se joint à nous pour discuter. Toujours souriant, cet homme d'un certain âge me semble depuis le début être honnête et c'est un allié de taille au sein de la commission. À la suite de l'épique réunion d'ouverture sous le chapiteau de Saint-Laurent-du-Maroni, il s'était fait incendier dans les médias par Rodolphe Alexandre, le président de la collectivité de Guyane, qui lui reprochait d'avoir autorisé la diffusion de notre vidéo sur les ravages de l'industrie minière au Brésil. Mais le président de la Commission du débat public ne s'était pas laissé impressionner.

Après avoir attendu une heure, les chefs donnent le signal de commencer la réunion sans les dirigeants de Montagne d'Or. Le président de la Commission nationale du débat public tient à faire un petit mot d'introduction, sentant le dépit des habitants et des invités qui ont fait le déplacement. Il rappelle l'importance du respect des règles du débat public et il assure aux personnes présentes l'importance de leur avis sur les conséquences de ce projet. L'absence de représentants de la compagnie apparaît comme une insulte envers les peuples premiers de Guyane. La rumeur circule rapidement dans l'auditoire : les représentants ne sont pas venus car ils souhaitaient être accompagnés de la gendarmerie, ce que le chef du village a naturellement refusé car aucun homme armé n'est le bienvenu à une réunion. Pour la Jeunesse autochtone, c'est une offense de plus. « Sommes-nous des sauvages à leurs yeux ? Sans arme, pas de dialogue ? » s'offusquent-ils dans un communiqué de presse rédigé à la hâte. Il est décidé que les volontaires se rassembleront donc, le soir même, à Saint-Laurent-du-Maroni pour participer à une autre réunion officielle prévue sous le grand chapiteau. Puisque la Montagne d'or ne veut pas venir à eux, ils iront à elle.

Jean-Jacques et d'autres habitants du village sortent leur tambour. Personne n'a l'intention de se laisser abattre et en quelques minutes, les chants et les danses viennent remplacer les discours de colère. Que ce soit pour se donner du courage ou pour retrouver la joie d'être ensemble, je suis admirative de la résilience que mes amis trouvent dans la musique, à se donner simplement la main et à chanter ensemble. Pour beaucoup d'Occidentaux, ces traditions sont le signe d'une société primitive qu'ils méprisent et le simple fait de devoir informer et dialoguer avec les peuples amérindiens est considéré par les industriels et par de nombreux élus comme une aberration. Pourquoi écouter ces gens qui portent des plumes et des bijoux de perles, qui dansent au son des tambours et qui s'expriment en chantant ? Ces discriminations ne sont malheureusement pas l'œuvre de quelques racistes isolés, elles sont le résultat d'une société dans laquelle l'oppression des minorités est la règle. Dans ces moments, je comprends que la force de ces peuples réside justement dans la fierté de leur culture, leurs origines et leurs traditions.

Le soir même, nous sommes une cinquantaine à faire irruption sous le chapiteau à moitié désert où la réunion vient de commencer. Les chefs restent ostensiblement debout et réclament le micro. Leur dignité force le respect. Le chef Pierre s'adresse aux représentants de Montagne d'or et réclame des explications sur leur absence à l'invitation des chefs. Visiblement gêné par cette question, l'un des directeurs répond qu'ils n'ont pas eu l'information. À ce moment-là, les chefs n'ont même pas à intervenir pour répliquer, c'est le président de la Commission du débat public, d'ordinaire si calme, qui sort de ses gonds. C'en est trop pour lui. Il indique qu'il ne peut pas cautionner un tel mensonge, d'abord parce qu'il les a personnellement informés et ensuite parce que leur absence est une entorse claire aux principes de participation démocratique. À la table de la Montagne d'or, l'ambiance est plombée.

Les chefs reprennent la parole pour expliquer aux représentants de Montagne d'or que le fait de n'avoir pas honoré l'invitation des autorités coutumières est une faute grave au regard du protocole autochtone. Leur refus d'entamer un dialogue malgré la présence de sites sacrés amérindiens sur la concession minière est une atteinte inacceptable à leurs droits. Les industriels n'ont-ils aucun respect pour les morts qui y sont peut-être enterrés ? Christophe Yanuwana Pierre prend la parole : « Que diriez-vous en métropole si un projet minier décidait de s'implanter dans le cimetière du Père-Lachaise sans vous consulter ? Est-ce que nous venons chez vous, déterrer vos morts ? » L'émotion est palpable dans la salle, les regards sont tournés vers le sol. Pas ceux des dirigeants de Montagne d'or. Leurs visages semblent impassibles.

Ils devraient pourtant avoir compris qu'ils ne sont pas les bienvenus. Je repense à un événement qui s'était passé quelques mois auparavant et qui avait fait couler beaucoup d'encre. Sur la vitrine des locaux de la compagnie Montagne d'or, un inconnu avait écrit en lettres rouges : « le sang de la Guyane ». Il faut bien voir que dans le combat qui s'est engagé, il y a ceux qui veulent exploiter la nature et ceux qui se battent pour la protéger. Si le projet est autorisé par la Préfecture, les jeunes n'écartent plus la possibilité de faire barrage physiquement. Ce méga projet minier est pour eux une déclaration de guerre. Il vient détruire la forêt, empoisonner l'eau, l'air, violer les terres sacrées. Il met en péril la paix et la sécurité de ce territoire et des peuples qui l'habitent et les gardiens ont décidé de ne plus se laisser faire.

Épilogue provisoire

Le débat public se clôt le 7 juillet 2018 sans que ni les partisans, ni les opposants au projet n'aient fait la moindre concession. En quelques mois, le projet Montagne d'or est devenu le poil à gratter du gouvernement. Des représentants des médias viennent chaque semaine de métropole jusqu'en Guyane pour prendre la température de la population, des élus et suivre la mobilisation des militants. Nous sentons que nous pourrions bientôt faire fléchir l'État français, que notre campagne a fini par incarner l'ambivalence du gouvernement et l'hypocrisie des belles paroles face à l'absence d'actes concrets pour défendre notre petit territoire d'Amazonie. Le 10 juillet, Nicolas Hulot affiche officiellement son opposition au projet devant l'Assemblée nationale. Même si en off, certains membres de la Commission du débat public nous assurent que nous avons gagné cette première bataille d'opinion, nous n'avons aucune assurance que le projet sera bien abandonné.

De retour dans l'Hexagone après quatre mois passés en Guyane, je m'organise pour accueillir une délégation des peuples autochtones à Paris et faire le tour des ministères. Notre objectif est de recueillir de l'aide, à la fois sur le dossier Montagne d'or mais également sur la restitution des 400 000 hectares de foncier et les autres engagements donnés depuis maintenant plus d'un an.

Le 29 juillet, nous sommes reçus par le conseiller climat de Nicolas Hulot dans le jardin du ministère avec Alexis Tiouka et les deux porte-parole de la Jeunesse autochtone, Amandine Galima et Christophe Yanuwana Pierre. La discussion est informelle mais sérieuse. Le conseiller tente de minimiser le rôle du ministère de la Transition écologique dans ce dossier, car les mines d'or sont de la compétence de Bercy. Mais les porte-parole de la Jeunesse autochtones ne sont pas là pour écouter les hauts fonctionnaires se refiler la patate chaude. « L'époque où on pouvait faire ce que l'on voulait au détriment des peuples autochtones est révolue. Aujourd'hui, nous allons nous battre, la Jeunesse est prête et c'est notre forêt, ce sont nos terres » préviennent les porte-parole amérindiens. Les collaborateurs du ministre nous assurent de leur soutien mais soulèvent que du côté des élus guyanais, la résistance est agressive. Ces derniers accusent le ministère de néocolonialisme. Selon eux, s'ils n'obtiennent pas le feu vert pour le projet Montagne d'or, Paris les prive encore d'une opportunité de développement au motif de protéger la biodiversité. « C'est la Guyane qu'on met sous cloche » se lamentent les élus locaux. Les mots de notre cher président de la collectivité ont donc résonné de l'autre côté de l'Atlantique. « Le Président de la République a dit qu'il avait des réserves par rapport au projet, maintenant il faut éviter d'humilier les élus » nous explique le conseiller.

Cette comédie est bien éloignée des enjeux pour le territoire. Pourquoi les représentants sont-ils plus écoutés que les représentés ? Pourquoi faudrait-il les ménager, plutôt que de rendre justice aux citoyens engagés pour faire respecter la loi ? Venant de la part du ministère de Nicolas Hulot, toujours très prompt à dénoncer les violations des droits des peuples autochtones et la déforestation au Brésil, le décalage est flagrant et les jeunes ne manquent pas l'occasion de le faire savoir. Eux aussi veulent être soutenus dans la reconnaissance de leurs droits et de leurs terres.

Le cabinet du ministre nous assure que des actes seront bientôt pris pour soutenir les peuples autochtones. Nicolas Hulot souhaite organiser bientôt un « Sommet des Peuples racines[3] » et promet d'y associer les organisations amérindiennes de Guyane. Une première réunion est prévue en août 2018 et l'objectif est de remettre à l'ordre du jour la question autochtone et la protection des savoirs traditionnels à travers les engagements de l'accord de Paris sur le climat. Alexis Tiouka demande si la ratification par la France de la Convention 169 de l'OIT sera discutée. Le cabinet du ministre nous jette un regard compatissant. « Si le ministère avait mis ce sujet à l'ordre du jour, il n'aurait pas eu l'autorisation d'organiser le sommet » regrette-t-il. Décidément, il ne faut s'attendre à aucune évolution juridique de ce côté-là non plus. Nous sortons de ce rendez-vous sans aucune autre certitude que celle de ne devoir compter que sur nous-mêmes.

Ce fameux Sommet n'aura jamais lieu. Pire, le ministre nous laisse sur les bras un nouveau projet écocidaire : la compagnie Total annonce le lancement d'une campagne de forages pétroliers offshore au large de la Guyane. La lutte contre les projets écocidaires est loin de toucher à sa fin, tant que nos dirigeants n'auront pas le courage de prendre des actes forts pour y faire face. Mais ces mobilisations nous ont fédérés et ont permis l'émergence d'une nouvelle communauté de gardiens et de gardiennes de la nature. Nous avons marché ensemble, unis pour protéger la terre, Amérindiens, créoles, métropolitains, chacun dans le respect de son identité et de sa culture. Nous avons même notre propre slogan : « À la fin, on gagne » se répètent les militants convaincus que notre combat est juste.

Au moment de l'écriture de ce livre, le combat n'est toujours pas fini. La compagnie Montagne d'or n'a pas renoncé à son projet, elle a même obtenu de la justice la prolongation de sa concession minière face à un gouvernement aux abonnés

3. « Peuple racine » est une expression parfois utilisée pour désigner les peuples autochtones. Je ne la cautionne pas car trop folklorique.

absents. Le collectif Or de question est toujours mobilisé. Nous maintenons la pression. Notre désobéissance fertile aux règles du débat public nous a permis de trouver notre propre processus de consultation au rythme des tambours, imposant aux industriels de nous écouter et à l'État de nous respecter, alors nous continuons à agir pour faire entendre les voix de la nature et des générations futures.

Chapitre 5

Total, menace d'écocide en mer

Juillet 2018. Parmi les trésors encore cachés de Guyane, certains sont enfouis sous l'océan à plusieurs centaines de kilomètres de ses côtes. Les scientifiques ont découvert un récif situé à une profondeur entre 80 et 120 mètres. Différent des récifs d'origine corallienne, c'est une construction vivante que les chercheurs du CNRS et de Greenpeace ont mise à jour. Un écosystème géant, allant probablement du Brésil jusqu'au Venezuela, constitué par un talus rocheux sur lequel vivent, dans une quasi-obscurité, éponges, gorgones, étoiles de mer, oursins et bien d'autres espèces. De l'avis des scientifiques, ce récif, dont on ignore encore beaucoup de choses, constituerait un corridor écologique entre les Caraïbes et le sud de l'océan Atlantique et jouerait un rôle crucial dans la résilience des écosystèmes marins. Ces zones de vie assurent la connexion entre plusieurs milieux et fournissent un refuge et un espace propices à la reproduction pour de nombreuses espèces locales. Peu connues, elles ont été occultées par le panache de dilution des eaux chargées de matières en suspension de l'Amazone, dont la puissance avec ses 206 000 mètres cubes par seconde est la plus élevée au monde. Les richesses naturelles du récif de Guyane restent encore à explorer mais elles apparaissent d'ores et déjà comme un élément clé de la santé globale des écosystèmes marins locaux.

Selon les estimations officielles, la région compterait près de 900 espèces de poissons, mais il en reste encore beaucoup à identifier puisque seules 200 sont répertoriées. Parmi les sept espèces de tortues marines connues, cinq d'entre elles viennent pondre en Guyane : la tortue luth, la tortue olivâtre, la tortue verte, la tortue imbriquée et la tortue caouanne. Toutes sont répertoriées sur la liste rouge des espèces en risque d'extinction de l'Union internationale de conservation de la nature. Il est donc extrêmement important que leur habitat naturel et, en particulier, leurs sites de ponte soient préservés pour espérer sauver ces espèces d'une disparition pure et simple. Les eaux guyanaises accueillent également toute l'année de nombreuses espèces de dauphins, de baleines ainsi que des cachalots qui viennent y mettre bas. Les scientifiques observent des mères avec leurs petits et ont conclu qu'il s'agit d'une zone de nurserie. Et si l'océan est si prospère, c'est aussi parce que le littoral n'est pas en reste. La ceinture de mangrove qui s'étend et protège 80 % des côtes de Guyane est un écosystème unique, dans lequel naissent et grandissent les alevins de nombreux poissons et où s'épanouissent des populations importantes de mollusques et de crustacés. Le grand large et le littoral forment ainsi un remarquable ensemble d'écosystèmes en synergie, riches mais fragiles face aux activités humaines.

Alors forcément, lorsque la compagnie Total annonce qu'elle entend mener une campagne de forages offshore au large de la Guyane, tous nos voyants passent instantanément au rouge. La zone de forage est située en plein dans une Zone naturelle d'intérêt écologique, faunistique et floristique (ZNIEFF). Attiré par les gisements de pétrole trouvés au large de la côte du Brésil et du Guyana, un État situé à 400 km environ au nord de la Guyane française sur la façade atlantique, le géant pétrolier s'est mis en tête de relancer ses explorations dans les eaux françaises. Les réserves estimées sont de 500 à 1 000 millions de barils d'hydrocarbures. Chez le voisin brésilien, Total, BP et Petrobras se sont regroupés pour faire des demandes de permis. Au Guyana, c'est Exxon qui doit bientôt débuter les forages. Alors bien sûr, en Guyane, les mêmes élus qui se sont chargés de faire la publicité de la méga-mine d'or, se frottent déjà les mains en prévision de l'arrivée d'un champion de l'extraction de l'or noir.

Protection du climat, des océans, de la biodiversité ? Personne n'en parle. Par contre, l'administration locale compte déjà les millions que Total promet de verser au territoire en échange d'un permis de polluer. D'ailleurs, le président de la collectivité territoriale se vante à qui veut l'entendre d'avoir négocié un partenariat de 10 millions d'euros en faveur des petites entreprises de Guyane. Pas de quoi faire des miracles. Cela n'empêche pas notre élu joueur de pipeau de souffler dans son instrument comme un furieux pour faire entendre, une fois de plus, son refrain bien connu de la relance économique. La tactique de Total est simple : s'acheter à moindre coût le soutien des acteurs locaux de Guyane. Sur cette cagnotte, trois millions d'euros sont promis aux pêcheurs dont les mobilisations avaient réussi par le passé à faire échouer d'autres projets pétroliers. Dociles malgré le risque de pollution et de marée noire, ils ne font pas de vagues.

Lorsque nous, les militants de Or de question, entendons parler de ce nouveau dossier, nous sortons à peine du débat contre Montagne d'or, clos le 7 juillet. Nous sommes épuisés après trois mois d'une mobilisation intense. La préfecture de Guyane nous contraint à remonter en selle, puisqu'un arrêté annonce que du 16 juillet au 23 août se tiendra l'enquête publique sur les forages offshore de Total. Nous réunissons nos forces et comptons les militants qui ont l'énergie de se jeter dans cette nouvelle bataille. S'en prendre au projet de mine d'or est une chose, s'en prendre aux forages pétroliers en est une autre, et de taille. Au niveau local, la question du climat et des hydrocarbures n'est pas aussi connue que celle des impacts du secteur minier. Le réchauffement climatique est un phénomène dont les conséquences insidieuses ne se font pas encore sentir sur le territoire contrairement à celles de l'activité minière, dont la pollution des cours d'eau et la déforestation sont visibles de tous. Les volontaires pour aller à la bataille ne sont pas nombreux. Mais avec Claire, institutrice reconvertie dans le bâtiment et Pascal, gendarme à la retraite, nous formerons une équipe soudée, motivée comme nulle autre. Ensemble, nous décidons de créer le collectif Stop Pétrole Offshore Guyane (SPOG).

Un calendrier ministériel bien rempli

Total annonce 5 puits de forage et 3 tests de production consistant à brûler les hydrocarbures extraits du sous-sol. Le puits d'exploration principal est prévu pour le premier trimestre de 2019. Quatre forages d'appréciation seront réalisés en cas de besoin entre 2020 et 2022. À elles seules, ces opérations représentent 297 500 teq CO_2, une quantité considérable d'émission de gaz à effet de serre qui aurait pour conséquence une augmentation de 7,4 % du bilan carbone annuel de la Guyane ! Autoriser ce projet est en totale contradiction avec les engagements français de l'accord de Paris et l'objectif de réduction des émissions de gaz à effet de serre d'au moins 40 % d'ici à 2030 par rapport à 1990.

À ce propos, nous nous interrogeons : comment Total peut-il encore prétendre réaliser des forages pétroliers alors même que Nicolas Hulot, l'ancien ministre de la Transition écologique, a obtenu l'adoption le 19 décembre 2017, qu'une loi portant son nom mette fin à la production d'hydrocarbures et de gaz en France ? Ce texte devait empêcher la recherche ainsi que l'exploitation des hydrocarbures conventionnels et non conventionnels d'ici 2040 et prévoit que la France ne délivrera plus de nouveaux permis d'exploration d'hydrocarbures, liquides ou gazeux sur son territoire. En fouillant un peu, nous nous apercevons que le 6 septembre 2017, le projet de loi a été présenté en Conseil des ministres. Pourtant le 14 septembre, soit huit jours plus tard, le ministre signe la prolongation du permis « Guyane maritime » de Total pour trois années supplémentaires. Celui-ci avait expiré depuis plus d'un an, le 1er juin 2016 exactement, mais le gouvernement l'a reconduit en invoquant des « circonstances exceptionnelles » lui laissant ainsi le temps de réaliser les travaux nécessaires pour mettre la main sur un éventuel gisement…

Ce calendrier schizophrène est révélateur des véritables intentions du gouvernement en matière de protection du climat et de sortie des énergies fossiles. Il nous apparaît évident que Total est passé en force dans ce dossier, avec, obligatoirement, la complicité du gouvernement. Avait-il négocié un accord ? Un dernier permis délivré à Total en échange de la loi Hulot ? Quoi qu'il en soit, malgré les grands discours sur le changement climatique et la protection de l'Amazonie et des peuples autochtones, le gouvernement renie ses engagements et déroule le tapis rouge au secteur pétrolier.

Dans le bureau de la Commission nationale du débat public

9 juillet 2018. De retour en métropole pour quelques mois, Claire, Pascal et moi rencontrons Chantal Jouanneau, la présidente de la Commission nationale du débat public à Paris.

Après tous ces mois passés ensemble en Amazonie, c'est une sensation étrange de nous retrouver ici et de troquer nos pancartes et nos t-shirts à slogan pour nos vêtements de citadins dans cette grande ville de béton.

Contrairement à ce que j'imaginais, les bureaux de la CNDP sont plutôt petits, sous les combles. Pas de dorures ou de grands bureaux comme dans le bâtiment principal du ministère. La raison principale de ce rendez-vous est d'évoquer les suites du dossier Montagne d'or. Les échanges sont très professionnels, francs et directs. Tous les collaborateurs présents nous renseignent sur la procédure à venir dans cette affaire et le bilan qu'ils comptent présenter en Guyane. Comme nos interlocuteurs n'ont pas l'air pressé, nous prenons la liberté de soulever également la question du dossier d'exploration pétrolière de Total au large de la Guyane et de partager avec eux nos interrogations. Car dans cette affaire, quelque chose nous apparaît étrange : comment se fait-il que pour un projet de mine à ciel ouvert comme Montagne d'or, la Commission nationale du débat public soit saisie, mais que pour une campagne de forages offshore comportant l'installation d'une plateforme pétrolière capable de creuser à plusieurs milliers de mètres le fond de l'océan et menaçant une zone à la biodiversité exceptionnelle, elle ne le soit pas ? Une enquête publique a bien été annoncée, mais c'est une procédure beaucoup plus légère appliquée aux projets de petite taille comme celui de l'exploitation Bœuf Mort.

Le vice-président resté jusqu'ici silencieux, regarde sa collègue d'un air décontenancé, sort de la pièce pour y revenir quelques instants plus tard avec un gros classeur vert sous le bras. Il en feuillette les pages apparemment à la recherche d'une information et le referme brusquement. L'ambiance est nettement différente depuis que nous avons posé cette question mais là, tout devient carrément étrange. Il nous regarde et déclare sans plus de précisions : « nous ne sommes pas compétents ». Je suis très étonnée par cette réponse abrupte, mais n'ayant à ce moment aucun élément pour le questionner plus avant sur un dossier qui n'a pas encore été diffusé au public, je n'insiste pas et la réunion se termine là. Une fois à l'extérieur du bâtiment, je constate que Claire et Pascal ont le même sentiment que moi : quelque chose cloche. Si la CNDP est avertie du chantier colossal et des risques pour les écosystèmes locaux pourquoi n'y a-t-il pas de débat organisé ? Nous n'aurons pas à attendre longtemps pour en découvrir les raisons.

Quelques jours plus tard, le dossier complet du projet est mis en ligne et je mets le doigt sur ce que nous pressentions être un vice de procédure. Dans son avis, l'Autorité environnementale en charge de l'instruction de la demande d'autorisation de forage de Total souligne que le budget annoncé par la compagnie pétrolière n'est pas complet. L'entreprise précise les coûts correspondant à un seul puits de forage, le premier, soit 100 millions d'euros mais elle omet celui de l'ensemble des cinq forages pour lesquels elle réclame pourtant une autorisation. Or, le code de l'environnement prévoit que lorsqu'un projet d'équipement industriel dépasse le seuil des 300 millions d'euros, la CNPD doit être saisie. L'Autorité environnementale admet dans une note de bas de page, que selon les éléments fournis au dossier, elle se trouve dans l'impossibilité de décider si Total aurait dû saisir la CNDP. Le calcul est pourtant assez simple : si un puits de forage coûte 100 millions d'euros l'unité, le coût total de cinq puits doit dépasser le seuil de 300 millions d'euros. Même si elle ne l'admet qu'en petit caractère, dans une courte phrase, cachée dans un épais dossier, l'Autorité environnementale a donc bien conscience du problème. Pour autant, elle ne tire pas la sonnette d'alarme et ne semble pas trouver pertinent de consulter la commission à ce propos.

Dans l'un des autres documents fournis à l'enquête publique, je trouve la réponse de Total à l'avis de l'Autorité environnementale. Et là, c'est invraisemblable, l'échange sur la saisine de la CNDP se poursuit, toujours furtivement, en petits caractères par notes de bas de page interposées. En réponse aux questionnements de l'Autorité, la compagnie explique que les travaux de recherche d'hydrocarbures n'entrent pas dans la catégorie des « équipements industriels » et qu'à leurs yeux, ils ne sont donc pas soumis au code de l'environnement et à l'obligation de saisir la commission. Au regard de l'envergure et des dangers de ce projet, cette interprétation de la loi nous semble évidemment erronée et il est évident que cet argumentaire est avancé pour faire l'économie d'un débat public pourtant censé garantir le droit fondamental à l'information et à la participation du public.

Fin juillet, j'ai suffisamment d'éléments pour écrire un courrier à la CNDP et leur signaler les faits en notre connaissance. Nous leur demandons de se positionner sur ce vice potentiel qui affecterait la procédure d'autorisation des forages, en vue d'un recours devant les tribunaux. Un mois plus tard, la CNDP, après avoir consulté ses conseils juridiques, me confirme que, selon son analyse, les travaux de recherche d'hydrocarbures entrent bien dans la catégorie des équipements industriels soumis aux procédures de participation du public prévues dans le code de l'environnement. Elle ajoute que « l'absence d'informations financières précises ne saurait être considérée comme exonérant le maître d'ouvrage de ses obligations à l'égard de la CNDP ». Dans ce même courrier, la CNDP nous fait part de ses regrets de ne pas avoir été consultée au moment de l'instruction du dossier par les services de l'Autorité environnementale qui a pourtant bien pointé l'inexactitude du budget. Ce manquement fait obstacle à ce que la CNDP réclame *a posteriori* les éléments comptables nécessaires pour établir le montant réel des opérations projetées. Le courrier enfonce le clou : la loi prévoit que la commission n'est en mesure de se saisir du dossier que jusqu'à l'ouverture de l'enquête publique, le 16 juillet précédent. Tout ceci est aberrant : nous n'avons eu accès au dossier et donc aux informations nécessaires pour alerter la commission qu'à partir de la date à laquelle les documents ont été communiqués au public. Pour finir, la CNDP précise que le code de l'environnement ne prévoit aucune sanction pour défaut de saisine ou sous-évaluation manifeste du projet et qu'il reviendra potentiellement au juge d'apprécier si oui ou non ce manquement a pu affecter la légalité de l'autorisation de forage et donc aboutir à son annulation.

Incroyable ! Tout est merveilleusement pensé dans la loi pour que le citoyen n'ait donc ni la possibilité de saisir les autorités normalement compétentes en temps et en heure, ni les moyens de contester efficacement les décisions prises en violation du droit à la participation du public. Je reçois la réponse de la CNDP au moment où je suis en train de préparer nos prochaines actions avec Olivier Dubuquoy, fondateur de l'association ZEA engagée pour la protection de l'océan à nos côtés. Olivier et ses camarades ont déjà réussi à stopper de nombreux projets de forage. Quelques minutes après la réception de ce courrier, je reçois aussi un appel de la présidente de la CNDP. Je la remercie pour les recherches juridiques et les conclusions qu'elle vient de nous transmettre. Puisque dans cette histoire la compétence de la CNDP a été contournée, je lui demande si elle peut éventuellement attaquer le permis pétrolier dans un recours à nos côtés. La réponse est franche et sans appel… nous allons devoir nous en sortir seuls.

Le coup est rude. Tout semble avoir été savamment orchestré. Grâce à la prolongation obtenue sous la plume de Nicolas Hulot, Total bénéficie d'un délai d'exploration supplémentaire jusqu'au 1er juin 2019. Si la CNDP avait été saisie, le débat aurait dû être organisé dans des conditions bien différentes et sur une durée beaucoup plus longue. Dans ces conditions, le délai n'aurait pas pu être tenu et le projet de forages aurait capoté. Mais en procédant à une enquête publique durant l'été, l'industriel obtient son permis avant la fin de l'année et peut mener tranquillement à bien son projet avant l'expiration de l'échéance, ce qui lui permettra une fois un éventuel gisement découvert de demander la transformation automatique de son permis d'exploration en permis d'exploitation, comme le code minier le prévoit. Un timing judicieux... Aucune instance censée garantir le respect de la loi n'a donc fait obstacle à ce projet et seuls les citoyens portent la responsabilité de défendre le climat et les écosystèmes. C'est dans ces moments-là qu'appartenir à un groupe de militants motivés, de gardiens et de gardiennes de la nature qui partagent vos convictions permet de ne pas désespérer de la situation, de ne pas baisser les bras et de rebondir pour continuer la lutte.

La recette du Totalipo

Dès mi-juillet, grâce à une forte mobilisation des réseaux associatifs nationaux comme ceux de Greenpeace France, Sea Shepherd, ZEA et nombre d'autres organisations, notre petit collectif a réussi à alerter sur la situation et à faire connaître nos demandes : il faut prolonger l'enquête et organiser des événements publics. Les conséquences de ce projet pétrolier sont bien trop graves pour se passer de l'avis des habitants de Guyane !

Par un hasard du calendrier, Sébastien Lecornu, secrétaire d'État auprès du ministre de la Transition écologique et solidaire est en visite en Guyane fin juillet. Il est venu parler de transition énergétique et de la diversification économique du territoire avec les élus et les acteurs locaux suite au fiasco de Montagne d'or. Des militants du collectif Stop Pétrole

Offshore Guyane l'interpellent sur le projet d'exploration sous-marine de Total, pour connaître la position du ministère sur ce dossier. Est-il d'accord pour nous soutenir et stopper ce projet de forage incompatible avec la protection du climat et de la biodiversité locale ? À nos sollicitations, il répond indolent qu'il nous encourage à nous faire entendre par le biais de l'enquête publique, que notre mobilisation est importante. Quelle ironie. Il est le bras droit du ministre chargé du Climat et de la biodiversité, mais c'est nous qui devons agir ? Qui plus est, c'est à cause de la défaillance de l'Autorité environnementale, rattachée à son ministère, que le projet de Total n'a pas été soumis à la CNDP et que nous n'avons pas pu obtenir la tenue d'un débat public.

Ce genre de réaction et plus globalement l'absence de signal clair de la part des membres du gouvernement dans ces dossiers impliquant de grands industriels laisse le sentiment s'installer que les représentants politiques ne sont pas à la hauteur, que voter n'a aucun sens puisque l'État mange dans la main des grandes entreprises, et que l'opinion des citoyens n'est pas prise en considération. Le secrétaire d'État vient parler transition énergétique et écologique avec les élus de Guyane qui sont les premiers soutiens de l'industrie minière, en revanche, les associations qui se battent pour l'application de la loi et pour la protection du territoire ne sont pas reçues. La Guyane voit ainsi régulièrement les membres des cabinets ministériels faire le tour des anciennes colonies en quelques heures, rencontrer quelques officiels, faire des promesses et remonter vite fait dans un avion, direction l'Hexagone. La déconnexion entre ces hauts fonctionnaires et les habitants est criante.

Heureusement sur le terrain, nous sommes rejoints par de nouveaux militants, créatifs et motivés. Pour sensibiliser les esprits au risque de marée noire lié aux forages en eaux profondes, la fine équipe a l'idée d'organiser des stands « Totalipo » au marché de Cayenne. Le concept est de détourner la recette du plat traditionnel amérindien, le *kasilipo*, un poisson cuit dans le jus de manioc, pour en faire une spécialité à la sauce Total. Équipés d'une grande marmite, de combinaisons blanches, de gants et de lunettes de protection, les militants installent leur cuisine à côté des stands des pêcheurs aux jours d'affluence. Une opération choc avec distribution d'un tract à l'humour caustique. Au lieu d'un dépliant classique sur les effets destructeurs des énergies fossiles sur la biodiversité et le climat, les membres du collectif distribuent des cartes postales aux couleurs de la Guyane avec la fameuse recette du « Totalipo, sauce marée noire ».

Nettoyez le poisson à l'acétone
Laissez mariner le tout pendant 1 heure.
Dans une marmite, ajoutez ¾ d'eau un peu polluée,
Mettez l'oignon coupé, le piment et le bouquet garni.
Ajoutez ¼ de pétrole de marée noire récolté à l'aube (A.O.C.)
Lorsque le Totalipo bout et que vous commencez à tousser,
Mettez les darnes de poissons.
Laissez cuire 10 minutes.
Servez avec une galette d'hydrocarbure séchée sur nos plages.
Ilupa entameko ! *(« Bon appétit ! » en langue kali'na)*

Bingo ! Les gens s'arrêtent au milieu de leurs courses, regardent leur plat traditionnel transfiguré par l'épais liquide noir au fond des marmites. Rebutés, ils demandent plus d'informations sur les risques du projet de Total et comment ils peuvent s'investir pour stopper l'industriel. L'action Totalipo montre l'interdépendance entre la préservation de nos écosystèmes, de la santé, la sauvegarde de la culture culinaire et de l'autonomie alimentaire.

Les pêcheurs sur le port sont néanmoins résignés face à cette situation. Oui, ils ont bien entendu parler des forages et se font du souci, mais de toute façon, disent-ils, ils sont déjà

« morts ». La moitié des étals du petit marché au poisson ont fermé ces dernières années. Les bateaux sont trop vieux, les installations hors d'usage et les acheteurs rares et peu fortunés. Plus personne ne veut faire ce travail et ils sont durement concurrencés par les pêcheurs clandestins venus du Brésil, du Suriname et du Guyana. Les illégaux attrapent trois fois plus de poissons car ils sont plus nombreux et équipés de filets pouvant mesurer jusqu'à 12 kilomètres alors que les filets homologués aux normes européennes utilisés par les Guyanais sont limités à 2,5 kilomètres. Leur discours est déprimant. Puisque la France et la collectivité ne font rien pour eux, ils espèrent que les 3 millions de financements de Total viendront leur apporter un peu d'aide. Ce renoncement est difficile à entendre, surtout de la part de ceux qui vivent directement de la santé de la mer. Ils ont conscience du risque de marée noire, mais l'acceptent comme une fatalité supplémentaire.

Le 24 août, l'enquête publique s'achève sans que nous ayons obtenu de prolongation du débat public. Malgré tout, la mobilisation a été importante. Sur les 7 183 avis déposés auprès du commissaire enquêteur, 7 173 sont négatifs : un record ! C'est un rejet quasi unanime du projet. Mais comme dans le cas de la mine de Bœuf Mort, nous savons bien que malgré l'opposition clairement exprimée par les citoyens, rien n'obligera l'État à tenir compte de l'avis du public.

Comme un signal avant-coureur, quelques jours après la clôture de l'enquête, le 28 août 2018, Nicolas Hulot claque la porte du gouvernement. Interrogé par les journalistes du *Monde*, il répond qu'il a le sentiment que l'écologie n'est pas la priorité de ce gouvernement : « On s'évertue à entretenir un modèle économique cause de tous ces désordres climatiques. [...] Nous faisons des petits pas, et la France en fait beaucoup plus que d'autres pays, mais est-ce que les petits pas suffisent... la réponse, elle est non. » Cette démission est un bien mauvais présage dans le dossier Total.

Dans un superbe pied de nez aux organisations écologistes, le président de la collectivité territoriale de Guyane annonce peu de temps après dans un journal local : « Exxon Mobil Corporation, la société pétrolière, a annoncé une neuvième découverte au Guyana de 4 milliards de barils de pétrole. Si cette découverte était effectuée en Guyane, cela représenterait une retombée de 1,5 milliard d'euros par an dans les caisses de la CTG[1], soit trois fois le budget de fonctionnement et plus que l'accord de Guyane. Je ne désespère pas que nous ayons demain les permis pétroliers. Vive Hulot. »

Un bateau vient forer les entrailles de la mer

23 octobre 2018. La décision tombe. Sans surprise, le gouvernement n'a pas tenu compte des milliers d'avis déposés par les citoyens. La préfecture de Guyane donne sa bénédiction à la compagnie Total pour lancer les opérations d'exploration. Pour ces travaux titanesques, l'entreprise doit faire venir un bateau spécialisé dans les forages offshore, l'ENSCO DS-9. Situé de l'autre côté de l'Atlantique, au niveau du cap de Bonne-Espérance, ce monstre de métal, de 230 mètres de long, 38 mètres de large, est surplombé par une immense tour en treillis d'acier dans laquelle sont installés le système de forage et les tuyaux d'évacuation de boues. Comme le bateau ne peut pas être ancré sur le fond de l'océan en raison de la profondeur des eaux, il doit être géopositionné en permanence grâce à ses moteurs, très précisément au-dessus du point de forage, auquel il est connecté par de longs tubes raccordés à plusieurs centaines, voire plusieurs milliers de mètres, sous la surface de la mer. Pour alimenter la bête, quatre autres

1. Collectivité territoriale de Guyane.

navires assurent le ravitaillement en carburant et le transport des équipements. Sur le site *Marine Traffic*, nous observons en temps réel cette flotte foncer vers la Guyane. L'arrivée est prévue pour début décembre.

Ironie du calendrier, cette période coïncide avec celle de la COP 24 qui se tient cette année à Katowice, en Pologne. Pendant que le président français serrera des mains et fera de beaux discours pour sauver la planète et le climat, l'ENSCO commencera à forer à la recherche des gisements pétroliers… Apparemment le service communication de l'Élysée n'a pas relevé de problème. Pour nous en revanche, la contradiction entre les paroles et les actes est violente.

Encore une fois, nous décidons de maintenir la pression et préparons nos arguments pour déposer un recours en justice. Pour cela, nous rencontrons des experts des courants marins et des spécialistes des forages offshore, nous recueillons le plus d'informations possible des scientifiques, des biologistes connaisseurs des cétacés et des écosystèmes de la région. Tous soulèvent un nouveau vice de procédure : l'absence de saisine du Conseil national de la protection de la nature (CNPN). Cette instance responsable de l'expertise en matière d'espèces protégées doit être consultée pour des projets industriels de ce genre. Problème : je n'ai aucune idée de comment m'y prendre pour contacter ce conseil scientifique.

Il se trouve qu'un membre du CNPN finira par croiser notre route complètement par hasard. Alors que je participe avec Olivier et Jean Ronan, nos partenaires de l'association ZEA, à une réunion avec différentes têtes de réseau du monde associatif, mon voisin de table se présente : Maxime Zucca, ornithologue et membre du CNPN. Quelle chance ! Je lui présente notre affaire dans un débit de paroles agitées et il nous informe que leur assemblée se réunit justement le lendemain. Il nous demande de lui envoyer un dossier pour que celui-ci soit étudié lors de cette séance. Nous ressortons alors la longue liste de toutes les espèces protégées impactées par le projet pétrolier et quelques semaines plus tard, le CNPN annonce qu'il s'autosaisit dans ce dossier !

Les représentants de Total tentent de contester la compétence du Conseil mais ses membres ne se laissent pas intimider et informent M. de Rugy qui succède tout juste à Nicolas Hulot à la tête du ministère de la Transition écologique, qu'ils comptent bien se pencher sur l'affaire. Je nourris dès lors énormément d'espoir de voir enfin la situation tourner à notre avantage. Et si finalement, les garde-fous de la République réussissaient à faire obstacle au projet ? Est-ce que le hasard a mis sur notre route, la bonne personne, celle grâce à laquelle nous allons faire entendre raison aux institutions, voire au juge ? Le temps qu'il nous reste pour mettre un coup d'arrêt au projet est compté.

Marche pour le climat et les générations futures

6 décembre 2018. Je suis de retour sur le terrain, en Guyane, et cette fois accompagnée d'une équipe de journalistes du média BRUT nature, venue pour un tournage éclair d'une semaine afin de rendre compte des mobilisations locales pour la défense du climat contre les forages pétroliers de Total. Au même moment, en métropole et dans le monde entier, des marches sont organisées pour faire converger les mouvements de jeunesse et les écologistes. Le 8 décembre, 175 villes de France, dont Cayenne, prennent part à l'appel. Beaucoup de nouveaux visages sont au rendez-vous sur la place des Palmistes ce jour-là. Signe qu'il y a eu un déclic, les jeunes ont pris la tête du cortège. Parmi eux, des lycéennes, pas timides du tout. Elles se sont emparées du mégaphone pour scander des slogans

et mettre l'ambiance. C'est du jamais vu ! Les représentants amérindiens et les leaders des mouvements créoles sont aussi venus en nombre. Marchant derrière les banderoles bariolées des collectifs Or de question et de Stop Pétrole Offshore Guyane, la foule scande « Total, mort du littoral ». L'ambiance est bon enfant même si le sujet est grave.

Les passants nous regardent curieux et déchiffrent nos pancartes : « Non au pétrole dans nos mangroves », « Or jaune, or noir, c'est *mèm bittin*[2], ça craint ». Les manifestants se regroupent autour de la petite place à la pelouse éparse. Les porteurs de banderoles partent s'installer au fond du jardin, pendant que d'autres forment un arc de cercle, délimitant une agora improvisée pour l'occasion. Sous un soleil de plomb, un à un, les leaders prennent la parole pour rappeler l'importance de défendre le territoire face aux multinationales Montagne d'or et Total. Yvane Goua, la porte-parole du mouvement créole des 500 frères et de Trop Violans[3] rappelle à la foule : « Nous n'avons pas fait le mouvement de mars-avril pour ça. Comment peut-on imaginer aujourd'hui spolier le territoire de cet avantage-là ? De l'océan, de la terre ? Alors qu'en plus, nous, on vit de ça ! On mange, local. On vit local. ». Encouragées par les prises de parole, les langues se délient et au mégaphone, les militantes et les militants alternent chants pour la planète et réquisitoires contre les multinationales.

Notre petite équipe Stop Pétrole Offshore Guyane a fait un travail de titan. Pascal a peint à la main le logo du collectif au dos de nos t-shirts de campagne. Claire a mobilisé les organisations partenaires et a récupéré tout le matériel nécessaire pour réussir en beauté ce moment de protestation collective pour la planète. Je l'aperçois qui se protège sous les palmiers

2. « C'est pareil » en créole.

3. Une association guyanaise très impliquée dans la prévention et la lutte contre les violences, les délinquances et toutes formes de discriminations.

qui bordent la route, un peu en retrait des militants et je pars la féliciter. Mais je la trouve en larmes. L'épuisement de ces dernières semaines de mobilisation s'installe. Elle voudrait bien ne pas le montrer, mais elle est déçue. « Pourquoi n'y a-t-il pas plus de personnes dans la rue avec nous à brandir des pancartes ? Il devrait y avoir tout le monde, nous sommes tous concernés », dit-elle les yeux gonflés. Ce projet et son impact démesuré sur le climat et la biodiversité est une grave source d'inquiétude pour elle qui est maman, comme pour toutes celles et ceux qui sont engagés à nos côtés. L'angoisse est forte de ne pas pouvoir gagner la bataille du climat et d'imaginer ce que seront les conditions de vie que nous connaîtrons dans quelques années et que nous laisserons à nos enfants et petits-enfants. L'inertie de notre société face aux enjeux écologiques est frustrante, voire angoissante.

Depuis quelque temps, suivre le trajet du bateau de forage en ligne sur internet et constater quotidiennement sa progression inéluctable vers nos côtes est extrêmement anxiogène. Le soir particulièrement, il est difficile de garder le moral, de rester positif. De retour en métropole, je passe mes soirées au téléphone avec Claire et Pascal pour préparer nos prochaines actions. Avec les quatre heures de décalage horaire, je me retrouve souvent tard dans la nuit à marcher dans les rues de Paris, le portable collé à l'oreille. Nos conversations me redonnent de l'espoir mais ne m'empêchent pas de me coucher la tête pleine d'images cauchemardesques d'un trou colossal au fond de l'océan, accompagnées du bruit des trépans[4] forant la terre et de ce navire titanesque relié au plancher de l'océan par ce long cordon ombilical d'une dangereuse fragilité. J'imagine le pétrole jaillir du sol, comme le sang de la terre et une marée noire se répandre jusqu'à la côte, étouffant les mangroves, engluant les tortues.

4. Outil de forage rotatif utilisé dans l'industrie pétrolière.

S'engager pour la protection de la nature, c'est développer une relation nouvelle de solidarité, d'empathie voire d'amour pour ces écosystèmes. Des liens se tissent et devenir gardien ou gardienne de la nature, c'est aussi ressentir de la peur lorsque le vivant est en danger, de la culpabilité quand on aurait voulu faire plus pour le protéger, de la joie à chaque moment de contemplation qui nous est offert.

Les géants pétroliers n'ont pas besoin de respecter la loi

Le 12 décembre 2018, notre recours contre l'autorisation de permis exploratoire de Total est prêt. De nombreuses associations nationales ont rejoint le mouvement et se sont engagées à nos côtés pour demander la suspension des forages. Les associations Amis de la Terre France, Greenpeace France, Guyane Nature Environnement, Nature Rights, Sea Shepherd France, Surfrider Europe et ZEA sont représentées par trois avocats.

Un point de la procédure me tourmente. Nous sommes confrontés à une aberration du droit, qui veut que dans notre situation, le recours soit obligatoirement déposé dans la juridiction du siège social de Total et non devant celle du lieu de délivrance du permis, à savoir le tribunal administratif de Guyane. Non seulement nous n'avons pas eu droit à un débat public en règle pour informer et impliquer nos concitoyens, mais en plus le procès se déroulera en métropole, à plus de 7 000 km et devant des juges qui n'ont probablement jamais mis les pieds en Amazonie. Encore une fois dans cette affaire, les habitants de ce territoire sont dépossédés du droit de choisir leur avenir et même du droit de se défendre sur leur territoire.

Malgré cela, notre première action est de déposer un mémoire en référé-suspension, une procédure visant à obtenir dans un temps court, l'interruption des opérations, le temps que le juge puisse se prononcer sur la validité du permis accordé à Total. Nos arguments sont nombreux et solides : le déni du droit à la participation du public et le vice de procédure lié à l'absence de saisine de la CNDP et du CNPN, la carence des commissaires enquêteurs chargés de l'enquête, les lacunes de la modélisation réalisée pour prévoir les impacts et les risques en cas de marée noire. La compagnie pétrolière a accumulé les infractions à la loi. Les chances de gagner notre recours sont plutôt bonnes. D'ailleurs, il y a cinq jours, le Brésil a mis un terme aux projets de forages de Total dans la région de l'embouchure de l'Amazone, à quelques centaines de kilomètres du site convoité par Total. Les experts de l'Agence environnementale brésilienne (Ibama) ont rejeté les demandes d'autorisation à cause des risques environnementaux et du manque de garanties sur les mesures de sécurité en cas d'accident ou de marée noire. Or, les conditions de forage dans l'embouchure du fleuve Amazone sont identiques à celles au large de la Guyane : grande profondeur, présence de courants puissants et donc d'importants risques pour le récif de l'Amazone et la biodiversité locale. Si les experts brésiliens ont tranché en ce sens, peut-être les juges français nous donneront-ils raison ?

Sans même parler du carnage que représenterait une marée noire accidentelle pour la flore et la faune locales, le géant pétrolier n'a jamais nié que son projet aurait des impacts sur les animaux marins. Détonations, bruits de forages, certaines espèces comme les dauphins, les cachalots et les baleines à bec présentes dans la zone dont l'ouïe est extrêmement développée et sensible seront fortement affectés. Les perturbations sonores d'origine humaine sont à l'origine d'échouages de cétacés bien documentés et ont fait l'objet d'observations et d'enquêtes scientifiques. Les rédacteurs de l'étude d'impact du projet de Total ont d'ailleurs fait l'effort de classer dans des tableurs tous les risques physiologiques pour ces espèces. Le document reconnaît les dangers de lésions permanentes sur les organes auditifs « aboutissant généralement à la mort de l'animal ». Pour ces raisons, l'étude d'impact présente des mesures anti-bruit originales joliment dénommées « *soft start* » prévoyant une montée progressive du volume sonore « permettant aux espèces qui le peuvent de fuir ». C'est précisément ce qu'interdisent les normes sur les espèces protégées. Porter atteinte à leur milieu naturel, dégrader leur habitat, perturber les animaux et ainsi rendre impossible la protection de leurs cycles vitaux est entièrement prohibé et punissable pénalement.

Pour rester dans le cadre légal et être autorisée à forer dans cette zone malgré la présence de nombreuses espèces protégées, la compagnie Total aurait dû réclamer et obtenir une dérogation préfectorale. Mais l'entreprise a décidé unilatéralement qu'avec ces mesures de « *soft start* », elle pouvait se dispenser de demander une dérogation préfectorale. Cette faille juridique est énorme. Mais alors que l'illégalité de cette affaire est d'une évidence flagrante, l'Autorité environnementale saisie du dossier s'est lâchement dérobée à ses obligations. Dans son avis rendu public, nous avons trouvé la preuve, qu'elle reconnaît, à nouveau en note de bas de page, technique apparemment récurrente quand il s'agit de tester la vigilance des lecteurs, qu'il était « difficile de souscrire à la conclusion d'une absence d'impacts » et que par conséquent elle « s'interrogeait sur le choix de ne pas solliciter de dérogation à l'interdiction stricte qui porte sur les espèces protégées ». Toute cette mascarade donne l'impression que Total se sert des services du ministère de l'Environnement pour essuyer ses bottes pleines de mazout, et que c'est à nous, de faire rempart quand toutes les instances gouvernementales ont capitulé.

Ceux qui choisissent de défendre la nature

Le 7 janvier 2019, je me rends à l'audience de référé devant le tribunal de Cergy. Le ciel est grisâtre et sur le chemin, je regarde le sol et les pavés mal agencés des rues de la banlieue parisienne. En Guyane, les sons de la nature sont les vibrations du quotidien. Le matin, les singes, la journée, toute sorte d'oiseaux, la nuit, les insectes et les grenouilles. Si la forêt amazonienne peut parfois être effrayante, sauvage, immense, la ville me semble bien plus agressive et inhospitalière à chacun de mes retours.

J'arrive en avance, nous ne sommes pas encore très nombreux mais rapidement la pièce devient trop petite et les secrétaires doivent nous déménager dans la grande salle du tribunal. La travée de gauche est celle des « demandeurs », c'est-à-dire des associations qui ont déposé le recours. Dans celle de droite, s'asseyent les « défendeurs ». Au premier rang, les avocats de Total étalent leurs épais dossiers. Juste derrière eux, des représentants de la compagnie se tiennent en silence dans leurs costards standards. Dans la rangée suivante, je reconnais les représentants de la collectivité de Guyane et notamment le responsable du service des mines de la direction de l'Environnement, de l'Aménagement et du Logement. Décidément, il n'est jamais très loin quand il s'agit de défendre les industriels attirés par les richesses du sous-sol. Je ne pensais pas qu'il traverserait l'Atlantique aux frais du contribuable pour être présent aujourd'hui. L'audience va commencer, une dernière retardataire arrive. Elle est hésitante, regarde les travées sans trop savoir où s'installer et se dirige vers nous. Un homme en costume l'attrape et la tire par la manche pour l'en dissuader. « Nous, c'est de ce côté », dit-il. C'est à ce moment que je comprends que le « nous », ce sont les fonctionnaires du ministère de l'Environnement. Voilà que les deux camps sont maintenant bien définis : alors même que la compagnie pétrolière a délibérément bafoué la compétence des plus hautes autorités dans cette affaire, c'est derrière Total que l'État s'est rangé…

Les échanges entre les avocats sont comme un match d'escrime. À tour de rôle, chaque camp s'avance et tente de toucher l'autre en utilisant de nouveaux articles, en développant les argumentations les plus habiles pour tenter d'atteindre les points faibles de l'adversaire. Total cherche à démontrer l'incompétence du tribunal de Cergy pour se soustraire au procès et gagner du temps. Nos avocats répliquent et énoncent toutes les dispositions légales violées par la compagnie pétrolière, demandant au juge de faire preuve d'une sévérité exemplaire étant donné l'urgence climatique.

Trois semaines plus tard, le 1er février, le tribunal annonce le rejet de notre recours en référé. Nous sommes tous très déçus. Nous devrons donc attendre que le juge statue sur le fond. Cela pourrait prendre encore plus d'un an. Nos chances de gagner sont de plus en plus minces. À mon retour en Guyane, le bateau de forage est donc toujours là, suffisamment loin des côtes pour continuer en toute impunité à forer encore et encore plus profondément le plancher océanique à la recherche de pétrole…

Malgré cela, la vie continue. À Cayenne, comme je n'ai pas de bureau, je m'installe des journées entières pour travailler à la terrasse du bar de l'Hôtel des Palmistes, un des rares établissements à avoir une connexion internet correcte. Le café est situé au rez-de-chaussée d'une vieille maison de style colonial aux murs jaunes et aux nombreuses fenêtres peintes dans un joyeux bleu pastel. On y croise toutes sortes de personnes, des fonctionnaires de la collectivité, des représentants des entreprises locales, des « métros » fraîchement débarqués de l'avion. C'est souvent ici que notre petit groupe de militants vient tenir ses réunions ou donne rendez-vous à la presse.

Le 27 février, je décide de faire une pause vers 18 heures. Le front de mer n'est pas loin et, sur la pointe des Amandiers, il y a beaucoup plus de monde que d'habitude. De grands écrans et une sono ont été installés pour tenir en haleine la foule rassemblée là. Et pour cause : dans 10 minutes une fusée Soyouz doit découler de la base spatiale de Kourou. La vue est très belle d'ici, derrière les quelques palmiers qui bordent le littoral, on distingue le vieux bâtiment de ce qui était autrefois la prison de Cayenne. Sur le mur, quelqu'un a tagué : « Forage de Total = mort de la Guyane ». Je ne peux m'empêcher de sourire, mais j'ai un pincement au cœur en repensant à notre récente défaite devant les tribunaux. Brusquement, les enceintes hurlent : « Trois, deux, un, zéro ! ». Au bout de quelques secondes, ce qui ressemble à une petite boule lumineuse monte lentement dans le ciel. Je suis des yeux l'éclat brillant des réacteurs de la fusée. C'est à ce moment que la rédactrice de *Guyaweb*, le journal local, m'appelle. Je décroche, les yeux toujours fixés sur la fusée qui continue de s'éloigner. Elle me demande d'emblée « Alors quelle est votre réaction ? ». Je ne comprends pas la question. Elle précise : « À l'abandon des forages ! Total a annoncé qu'ils n'avaient rien trouvé… » L'information me ramène sur terre à une telle vitesse que j'ai l'impression de percuter le sol. Prise de court, j'improvise une réponse : « C'est un soulagement, il aurait fallu que ce soit le bon sens qui mette un frein à ce projet et pas uniquement l'absence de pétrole ». Je renchéris : « C'est tant mieux pour l'économie guyanaise qui doit se tourner vers des projets soutenables pour la planète et qui ne mettent pas en danger le climat. Il est temps de tourner la page des énergies du passé. ».

Quelques heures plus tard, le ministre de la Transition écologique, François de Rugy déclare : « Finis les forages et leurs effets désastreux sur le dérèglement climatique et la biodiversité. Un grand jour pour l'écologie ! ». Le cynisme des hommes politiques n'a décidément pas de limites. Mais qu'importe, ce soir-là, au bar des Palmistes, nous organisons une fête mémorable pour trinquer au départ de Total.

Chapitre 6

Donner des droits à la nature

23 septembre 2019. Toutes les caméras sont braquées sur lui. Emmanuel Macron est en plein discours. À sa gauche, Evo Morales, le président bolivien dans une tenue aux motifs traditionnels. Derrière lui, le représentant de la collectivité territoriale de Guyane, Rodolphe Alexandre, attend impassible sur son strapontin, que la parole lui soit donnée. Le Président de la République française a pris l'initiative de rassembler ses homologues du Chili, de Colombie et de Bolivie en marge du sommet de l'ONU sur le climat à New York. Le thème de cette rencontre : la protection de la forêt amazonienne. Jair Bolsonaro, le président brésilien n'a pas été convié à la réunion car cette rencontre fait écho aux innombrables incendies volontaires qui ont dévoré la forêt amazonienne durant l'été et dont il n'a cessé de démentir l'ampleur.

Emmanuel Macron parle de « chaîne de valeur durable dans les territoires forestiers », « d'encourager les produits dérivés de la biodiversité », « de la promotion du zéro déforestation »… toutes les cartes de la novlangue *eco friendly* sont mises sur la table pour convaincre l'auditoire. Ce greenwashing qu'il peine à travestir en engagement crédible en raison de son vocabulaire emprunté au monde de la finance, aurait de quoi faire froncer les sourcils, mais il nage comme un poisson dans l'eau lors de ces grandes rencontres internationales. Après tout, le Programme des Nations unies pour l'environnement lui a décerné en 2018 le titre de « champion de la Terre ».

À son tour, le président de la collectivité territoriale de Guyane prend la parole. Visiblement impressionné, ses phrases sont saccadées. Il se lance : « Mesdames, Messieurs, oui, il faut protéger la planète. Oui, il faut tenir compte de la biodiversité et du changement climatique. Mais il faut à ce moment-là dire à la Guyane quelle sera l'alternative sur le plan minier ». Une démonstration majestueuse de l'exercice du « en même temps », tic de langage repris à Emmanuel Macron. Il poursuit : « Monsieur le Président, vous avez pris à juste titre la décision de rejeter le projet Montagne d'or. Nous vous en sommes reconnaissants ». La situation a de quoi surprendre. Les deux complices, qui depuis 2015 affirmaient main sur le cœur que le projet de méga-mine à ciel ouvert était un atout majeur pour la Guyane, se congratulent désormais pour l'abandon du projet.

Évidemment, pour ceux, nombreux autour de la table, qui n'ont pas suivi ce dossier, cette prise de parole vient juste conforter l'image d'un président français engagé pour la protection de l'environnement. Pour les autres, cette phrase relève du sarcasme. Rodolphe Alexandre reprend, imperturbable : « Je dis modestement devant toutes ces personnalités qui travaillent sur le changement climatique, qu'il peut y avoir des extractions responsables, transposables, transparentes, qui soient respectueuses de l'environnement et des normes européennes ». Sans surprise, son intervention est à rebours des enjeux de cette rencontre pour la protection de l'Amazonie et il ne peut s'empêcher de vanter le concept antinomique de « mine durable ».

Après le fiasco du débat public sur le dossier de la méga-mine à ciel ouvert, le gouvernement a finalement statué en mai 2019 qu'« en l'état, le projet actuel Montagne d'or est incompatible avec les exigences de protection de l'environnement » et a annoncé une réforme du code minier intégrant les questions écologiques. C'est à cette annonce que s'est raccrochée la compagnie minière espérant pouvoir déposer un « projet bis », maquillé en vert et certifié « mine durable » et c'est aussi ce qu'appelle de ses vœux M. le président de la collectivité territoriale. Il se tient là, devant tous ces dirigeants rassemblés pour débattre de la sauvegarde de l'Amazonie mais en fait, il s'adresse à une seule personne, Emmanuel Macron, lui réclamant un joker : protéger la forêt, le climat, la biodiversité bien sûr ! Mais avec la « mine durable ».

Comment l'extraction d'un métal non renouvelable pourrait-elle avoir quoique ce soit de durable ? Il est légitime d'avoir un doute sur la sincérité de l'engagement écologique de certains élus, lorsqu'ils réclament une réforme du code minier tout en criant que les normes environnementales mettent la Guyane sous cloche. Qu'attendre d'une nouvelle réglementation qui serait écrite par ceux qui veulent implanter de gigantesques sites d'exploitation au milieu de la forêt primaire ?

Il faut savoir que le droit minier est un droit ancien dont les fondations datent de 1810, à l'époque où la France avait une industrie extractive très active sur son territoire de métropole. Ce secteur est d'emblée représenté par une corporation puissante, comptant des milliers d'emplois et détenant des ressources stratégiques, notamment le charbon. De nos jours, malgré le déclin progressif de cette activité en dehors des territoires d'Outre-mer, les lobbys miniers sont restés puissants, à tel point que la réforme du code, annoncée depuis 2011 n'a jamais abouti.

Malgré une désaffection de la population pour cette époque sombre qui rappelle le roman *Germinal* de Zola, les conditions de travail et la souffrance des mineurs, les élus et les industriels, eux, n'ont jamais vraiment tourné la page. Régulièrement, les ingénieurs et hauts fonctionnaires agitent devant les yeux des élus, le chiffon rouge de la dépendance économique de la France en métaux et en terres rares pour réclamer la réouverture des mines sur le territoire français. C'est ainsi qu'en 2014, Arnaud Montebourg, alors ministre du Redressement productif sous le mandat de François Hollande, annonce la relance de l'industrie minière en France. Un projet repris à son compte par Emmanuel Macron alors à Bercy. En raison d'un étrange découpage, les mines dites énergétiques (charbon, gaz, etc.) dépendent du ministère de la Transition écologique et solidaire, et celles dites « non énergétiques », comme les mines d'or, dépendent du ministère de l'Économie. C'est ce partage qui a amené celui qui, en 2017 devait devenir président de la République, à s'intéresser d'aussi près à l'avenir de la Montagne d'or.

Les règles applicables au secteur extractif forment une forteresse juridique érigée sur mesure par et pour les compagnies minières. Lorsque l'une d'elles demande l'autorisation d'explorer un site, l'État n'évalue la pertinence du projet qu'au regard des capacités techniques et économiques de l'entreprise. Les impacts environnementaux ne sont pris en considération que bien plus tard, au moment de la demande d'ouverture de travaux. La France s'est abstenue de mettre de quelconques garde-fous qui lui permettraient de refuser très en amont des demandes de titres miniers. Or, lorsqu'un exploitant disposant d'un permis d'exploration (c'est-à-dire du droit de prospecter sur le terrain) découvre un gisement, son titre est automatiquement transformé en permis d'exploitation (le droit d'extraire et de commercialiser les matières). Cela s'appelle « le droit de suite ». Cette législation sécurise les investissements des industriels, mais c'est aux dépens de notre souveraineté et de la protection de l'intégrité de nos territoires.

Cette disposition scandaleuse affecte également le processus démocratique. Les citoyens se retrouvent vaguement consultés, à un stade où l'entreprise n'a pas encore fourni l'étude d'impact environnemental de son projet. Durant l'ensemble du débat public sur le dossier Montagne d'or, la compagnie minière s'est ainsi réfugiée derrière le droit français pour refuser de nous adresser des informations complètes sur les risques liés à la pollution environnementale en métaux lourds ou sur le bilan carbone de l'exploitation. S'ils ne disposent pas de toutes les données utiles, comment les citoyens pourraient-ils donner un avis éclairé sur un projet ? Et quand bien même le projet aurait un impact avéré sur la qualité de l'air que nous respirons ou de l'eau que nous buvons, l'État est libre de ne pas tenir compte de notre avis. La consultation du public se résume alors à une simple formalité cosmétique. Et même lorsque l'attribution d'un permis minier ou l'autorisation d'ouverture de travaux fait l'objet d'un recours devant les tribunaux, le droit prévoit des dispositions qui permettent à l'Administration de donner des autorisations provisoires pour maintenir une activité dont le permis aurait été annulé par la justice ou de régulariser rétroactivement des titres qui ont expiré. Le rapport de force entre industriels et citoyens est donc complètement faussé.

Malgré tout, nous avons remporté une petite victoire devant les tribunaux. Dans l'affaire de l'exploitation Bœuf Mort, le petit projet minier adossé à la méga-mine Montagne d'or, le juge confirmait le 11 février 2019 que le permis délivré était illégal en raison d'un vice de procédure grave. Comme nous l'avions soulevé, l'État avait bien été illégalement juge et partie dans cette affaire en endossant le rôle d'autorité environnementale. La justice nous donnait également raison sur le plan écologique : l'étude d'impact réalisée par la compagnie minière était bien « saucissonnée » et ne rendait pas compte des enjeux environnementaux de la totalité du projet.

C'était la première fois que je gagnais un procès mais malheureusement il n'y avait plus grand-chose à fêter… En effet, le juge nous donnait raison sept mois après que l'exploitant ait plié bagage, faute de rentabilité. Le juge est un personnage du passé. Il arrive souvent trop tard, quand il s'agit de sanctionner ou de réparer du dommage causé à la nature. À l'avenir, notre société doit se doter d'un droit suffisamment efficace pour faire obstacle préventivement à toutes les formes de destruction écologiques qui ne sont plus compatibles avec le respect de l'intégrité des écosystèmes et qui mettent en danger l'équilibre des milieux naturels. Nous ne devons pas uniquement revoir notre code minier, mais également l'ensemble de nos codes et des lois afin de rebâtir une société en symbiose avec le vivant.

Une révolution copernicienne se prépare

À l'échelle d'une vie humaine, notre civilisation peut sembler ancienne mais elle est en réalité très jeune comparée à l'émergence et le développement de la vie sur notre planète qui remonte à plusieurs milliards d'années. Malheureusement, notre héritage historique et les savoirs traditionnels des Premières Nations qui en ont découlé ont été considérablement réduits en un temps très bref par la colonisation et par ceux qui aujourd'hui glorifient le libre-échange et la mondialisation. Ce nouvel âge anthropocentré passe sous silence l'aggravation des inégalités sociales et environnementales, rendant difficilement concevables d'autres modèles de société. Façonnés par notre culture, formatés par notre éducation, nous avons les plus grandes difficultés à imaginer notre civilisation avec un regard extérieur, comme pourrait le faire un étranger visitant la France pour la toute première fois, étonné par notre façon de faire société, par nos manières et nos coutumes.

Comment expliquer qu'une société choisisse la protection des communs, quand une autre a érigé la propriété privée au rang d'un principe sacré ? Pourquoi les droits collectifs jouent-ils un rôle central chez certains peuples alors qu'en Occident, l'individualisme est considéré comme émancipateur ? Pour analyser les germes et les mécanismes de cette évolution, revenons à nos textes fondateurs, auxquels appartient la Déclaration des droits de l'homme et du citoyen de 1789. Dans une société profondément inégalitaire, alors même que l'esclavage était toujours pratiqué dans les colonies et qu'au sein des foyers, les femmes se voyaient privées des mêmes droits que leur mari, ce texte, écrit par des hommes blancs, issus des classes privilégiées, a défini ce que l'on a appelé « les droits naturels de l'Homme ». Parmi eux, la liberté, l'égalité, la propriété… Établissant ainsi un système reposant sur la reconnaissance de droits et libertés individuelles, notre société fait passer au second plan la question de la protection du collectif, celui qui réunit les humains mais également les non-humains, au sein de la communauté du vivant. Sur ces fondements, une culture de la compétition est instaurée au détriment de la coopération, valorisant et encourageant les comportements qui profitent à l'individu au lieu de récompenser ceux qui profitent à la collectivité.

D'autres constructions juridiques sont apparues, prenant progressivement une place croissante dans notre société. Les entreprises, groupements humains à but lucratif dotés de droits propres, ont profité d'une évolution juridique qui montre aujourd'hui de dangereux dysfonctionnements, tant les inégalités se creusent. Nos lois ont accordé aux entreprises, des droits similaires à ceux des humains : le droit de propriété, la protection du secret des affaires, de l'image et de la réputation… Des droits individuels qui ont modifié le rapport de force et la place de ces structures dans notre société. Bien qu'il s'agisse de groupements humains, les grosses « boîtes » du CAC 40[1] n'ont rien d'un collectif visant le bien-être et la protection de l'ensemble de ses membres. Elles réalisent d'immenses profits mais répartissent les richesses de manière inégale entre les dirigeants, les actionnaires et leurs employés. Un rapport publié par Oxfam en 2018 dénommé « CAC 40 : des profits sans partages », montre que l'écart des salaires entre les PDG et les salariés est de plus en plus grand. En 2016, les grands patrons du CAC 40 gagnaient en moyenne 119 fois le salaire moyen au sein de leur entreprise. Cet écart s'est creusé rapidement, car l'étude précise qu'en 2009, il était de 97. Selon l'économiste Frédéric Teulon, en France, « à la fin des années 1970, le rapport moyen entre le salaire ouvrier et la rémunération des dirigeants des grandes entreprises[2] était de l'ordre de 1 à 40[3] ». Cette différence de traitement au sein d'une même société est déjà excessive, mais que dire du décalage abyssal entre les salaires de ces grands patrons et ceux des petites mains à l'autre bout de la chaîne de sous-traitance, celles qui pour un salaire de misère cousent la « *junk fashion* », descendent au péril de leur vie dans les mines illégales ou travaillent sans protection dans nos champs exposés à de dangereux produits chimiques ?

À un tel niveau d'écart, cela ne relève plus d'un problème de contrôle interne de la répartition des salaires, il s'agit bien du résultat de la transformation de notre société qui a permis l'accaparement des richesses par une petite minorité appartenant à la classe dirigeante. Celle-ci ne se sent solidaire ni de ses propres salariés, ni de la société dans son ensemble. Aujourd'hui, les grosses entreprises ont acquis une place tellement stratégique que les rapports de force sont inversés. Les projets miniers et pétroliers en sont un exemple parfait.

1. Les entreprises cotées à la Bourse de Paris.
2. Hors stock-options et attributions gratuites d'actions.
3. Frédéric Teulon, « La rémunération des dirigeants : problème interne ou problème de société(s) ? », *Question(s) de management*, 2013.

Des compagnies comme Total peuvent s'imposer sur un territoire, en exploitant le besoin d'emplois, les ambitions des élus, les espoirs des populations, les vides juridiques et l'absence de courage politique. L'absence de régulations et la prévalence des considérations économiques sur la protection des droits humains et des communs qui a permis l'exploitation à outrance de la nature, est en train de compromettre les conditions de la vie sur Terre. Il faut donc à tout prix établir des lois nouvelles, respectueuses du fonctionnement biologique du monde vivant.

Reposant sur la protection de la propriété individuelle, la civilisation industrielle s'est bâtie à partir de la vision d'un monde constitué de ressources à exploiter, qu'elles soient naturelles ou humaines. L'image de la réussite sociale et personnelle repose sur des résultats en termes de croissance et de profit. Cette organisation récompense les conduites égoïstes, cupides voire sociopathes menant à la catastrophe écologique que prédit désormais la grande majorité des scientifiques. Ce constat doit nous amener à remettre en question ce modèle de société et ses fondements. La matrice de notre programme social est si corrompue qu'il est désormais évident pour un nombre grandissant de citoyens que nous ne pouvons nous accommoder de retouches cosmétiques.

Bien sûr, chaque individu ressent un besoin de sécurité. Nous voulons tous avoir un toit au-dessus de la tête, de quoi manger dans notre assiette et suffisamment de moyens pour assurer une bonne éducation à nos enfants. Mais le modèle capitaliste et la propriété privée sont loin d'être le meilleur moyen pour arriver à ces résultats pour une majorité d'humains peuplant cette planète, c'est même l'inverse. Certains diront : « très bien, sauf que l'inverse du capitalisme, c'est le communisme. Est-ce c'est ce que vous voulez ? » Non, considérer qu'il n'existerait que deux modèles de société serait faire offense à l'intelligence humaine et à notre créativité.

Dans les textes fondateurs de la société à venir, nous devons désormais inclure la communauté du vivant, humains et non-humains afin que celle-ci ne soit plus exploitée au profit de quelques-uns mais qu'elle devienne le foyer commun dans lequel l'ensemble de l'humanité pourra s'épanouir. Il s'agit aussi de remettre en question un système dans lequel 1 % des plus riches consomment 82 % des richesses produites dans le monde afin de rétablir un équilibre à la fois social et écologique. Pour cela, il est nécessaire de changer radicalement l'expression du pouvoir, en mettant un terme aux droits actuels des pollueurs et en garantissant les droits de ceux qui étaient jusque-là laissés pour compte au regard du corpus juridique, c'est-à-dire les non-humains.

Cette révolution positive, créatrice et libératrice, vise l'ensemble de notre édifice social. Imaginer une assemblée constituante inspirée des lois du vivant n'a rien d'utopiste. L'humanité a déjà opéré de nombreux changements de paradigmes par le passé.

C'est le cas de la révolution copernicienne qui démarra au XVIe siècle. Avant que Copernic et Galilée ne remettent en question le modèle géocentrique de Ptolémée, selon lequel la planète Terre se situait au centre de l'univers, l'Occident avait une image du monde qui correspondait à l'image qu'en donnait la Bible : le ciel, la terre, la vie, tout était une création divine. L'homme, créé à l'image de Dieu, ne pouvait être qu'au centre de toute chose. Pour l'Église, ce modèle correspondant aux saintes écritures et à leur interprétation théologique était une manière d'asseoir son influence sur le monde, avec l'aval de la science. Il s'agissait en réalité plus d'un dogme que de savoirs. En effet, au XVIIe siècle, Galilée grâce aux premiers télescopes capables d'observer la rotation des planètes, confirme la théorie de Copernic selon laquelle la Terre tourne autour du Soleil. Comme ses idées remettaient en cause la doctrine de l'Église, il dut se rétracter sous la menace de la torture et du bûcher. « Et pourtant elle tourne[4]. » Sa vie est l'illustration de la lutte de la vérité contre l'obscurantisme. Ses découvertes ont balayé un ordre du monde organisé pour répondre aux exigences de la Bible et aux prétentions nombrilistes des théologiens. L'histoire retiendra l'expression de « révolution copernicienne » pour décrire ce grand chamboulement qui a remis l'humanité à sa place véritable au sein de l'univers.

Or aujourd'hui, nous sommes probablement à l'heure d'un nouveau basculement historique. Si l'Église s'était opportunément appuyée sur des théories scientifiques pour valider les textes de la Bible, notre époque s'appuie à son tour sur les écrits des apôtres du libéralisme et le dogme de la croissance. Là où la religion reposait sur le modèle d'Aristote, décrivant un ciel rempli de sphères de cristal pour expliquer le déplacement des planètes de notre système solaire, les théories capitalistes d'Adam Smith ont amené les peuples à se soumettre à la main invisible du marché. Cette pensée a conduit à ce qu'aujourd'hui, notre modèle économique repose sur l'injonction de produire toujours plus, pour vendre toujours plus et faire grimper les profits, sans prendre en considération la finitude de notre planète et donc l'incapacité de ce système à se survivre à lui-même. Dans cet emballement morbide de la consommation, la nature n'est plus qu'un réservoir de ressources dont l'homme est le propriétaire et dont il peut disposer à sa guise.

En défendant le modèle héliocentrique contre le modèle géocentrique prôné par l'Église, Galilée a précisément changé la représentation que l'Occident avait de sa place dans le monde. En démontrant que les connaissances scientifiques de son époque étaient erronées, il a démontré que la Terre et l'homme n'étaient pas au centre de l'univers, croyance qui

4. Alors que Galilée accepte de retirer sa théorie sur le mouvement de la Terre devant le Tribunal de l'Inquisition en 1633, il aurait chuchoté : « Et pourtant, elle tourne ».

contribuait également à justifier la supériorité de l'Église et de ses fidèles. De la même façon, aujourd'hui, notre modèle apparaît erroné à un nombre grandissant d'économistes et de scientifiques, tels que Kate Raworth et Johan Rockström qui prédisent qu'à cause de cette obsession de la croissance infinie, et de notre organisation sociale reposant sur la prédation de la nature, nous avons d'ores et déjà dépassé les limites de notre planète. Face à l'amplification de la destruction du monde vivant, à l'effondrement de la biodiversité, à l'accélération du réchauffement climatique, les experts tirent la sonnette d'alarme. La prise de conscience de l'incompatibilité de notre mode de vie avec la préservation de la nature se généralise. Selon un sondage de l'institut BVA publié en juin 2020 par Greenpeace France, 52 % des personnes sondées estiment que le « système économique capitaliste » n'est « pas du tout » (24 %) ou « plutôt pas » (28 %) « compatible avec la lutte contre le réchauffement climatique ». Le mythe de la croissance infinie sur une planète aux dimensions finies apparaît obsolète et une nouvelle fois, nous vivons une rupture dans notre représentation du monde. La révolution copernicienne de notre siècle est en route et elle replace les humains non plus au sommet mais au sein de la communauté du vivant. Les lois naturelles mettent en évidence que nous ne sommes pas « maîtres et possesseurs de la nature[5] » mais que notre profonde dépendance vis-à-vis de la santé de la Terre doit nous amener à nous considérer plutôt comme ses gardiens et gardiennes.

5. Citation de René Descartes extraite du *Discours de la méthode*, 1637.

L'école des droits de la nature

La formidable ingéniosité biologique dont font preuve les espèces végétales et animales pour parvenir à un développement optimal en fonction des caractéristiques de leur milieu naturel aurait voulu que l'évolution de notre espèce obéisse à la même logique. Mais contrairement à l'arbre qui doit se contenter des nutriments à la portée de ses racines, ou au fauve limité par les frontières de son territoire, l'*homo industrialis* a progressivement étendu son terrain « de chasse » à l'ensemble de la planète. La mondialisation, l'intensification des échanges internationaux, l'essor de la société de consommation ont conduit le monde occidental à dépasser toujours plus les limites biologiques des milieux naturels.

En conséquence, les systèmes de gouvernance contemporains se sont adaptés à cette évolution et se sont dotés de règles souvent contraires aux principes régissant le vivant. La surexploitation des « ressources naturelles » est encouragée par le système politique, autorisée par le système juridique et motivée par le système économique, sans respecter les mécanismes de la nature. Or nous ne pouvons pas établir une société pérenne si les lois que nous établissons pour nous gouverner sont incompatibles avec celles qui régissent le système Terre et conduisent à son effondrement. Réconcilier l'humain et la planète, nécessite que ces mêmes systèmes économiques, politiques et juridiques aient désormais pour objectif de promouvoir les comportements qui contribuent au bien-être de la communauté du vivant, humains et non-humains compris.

Après ces deux années au chevet des luttes contre les projets miniers en Guyane, le constat est sans appel : le droit de l'environnement actuel ne nous a été d'aucune utilité pour faire face aux excès des projets de la compagnie Montagne d'or et de Total. L'administration et la justice n'ont pas été en mesure de faire barrage à ces projets, elles leur ont même servi de marchepied, alors que du côté citoyen, nous n'avions que la rue pour nous faire entendre. À quoi servent toutes ces conventions internationales, ces lois et ces règlements sur le climat ou la biodiversité, si notre manière de nous gouverner est incapable d'empêcher les excès de ces industries gargantuesques ?

La gestion politique, économique et juridique des projets mentionnés dans ce livre ne relève pas de cas isolés. Il s'agit bien d'une défaillance systémique. Le droit de l'environnement a échoué dans sa mission de préservation de la nature, c'est uniquement notre mobilisation citoyenne, qui a réussi à faire obstacle à l'installation de ces compagnies extractives. Or, il est évident qu'elles nous auraient « à l'usure » si, comme Sisyphe, nous étions condamnés à pousser éternellement un énorme rocher jusqu'au sommet d'une montagne d'où il retombe chaque fois, et que nous devions mettre toutes nos forces pour combattre chaque nouveau projet minier ou pétrolier écocidaire. Comme l'analyse Albert Camus dans *Le Mythe de Sisyphe*, la prise de conscience de cette situation absurde conduit à la nécessité de la « révolte ». Il faut que nous prenions le mal à la racine en changeant les règles de ce combat inégal, jusqu'ici faussées par les compagnies minières qui les avaient écrites à leur avantage. Il nous faut donc imaginer et faire adopter de nouvelles lois, grâce auxquelles nous pourrons garantir les droits de la nature et nos droits, en tant que gardiens et gardiennes.

À l'été 2019, je reviens en métropole impatiente de trouver de nouvelles façons d'agir. Je fais la rencontre de l'équipe de l'Écosystème Darwin à Bordeaux, un tiers lieu qui organise chaque année le Climax festival : Philippe Barre, cofondateur visionnaire de cette caserne réhabilitée en hot spot du monde de demain, Nathalie Bois-Huyghe, vice-présidente dédiée corps et âme à l'émulsion intellectuelle et émotionnelle des événements et Simon Rossard, juriste reconverti dans la curation artistique. Pour l'édition 2019, le Climax festival est consacré à l'Amazonie et au déracinement du monde. De nombreux représentants des peuples autochtones sont accueillis et parmi eux, Raoni Metuktire, grand chef de la nation kayapo du Brésil. Alors même que durant tout l'été, le monde entier a les yeux rivés sur les feux qui ravagent la forêt amazonienne, je m'apprête à rencontrer le leader autochtone et les membres de sa délégation pour échanger sur la protection juridique de leurs terres. C'est à cette occasion que je fais la connaissance de William Bourdon, avocat, ténor du barreau de Paris. Sa carrière l'a conduit à défendre les situations les plus emblématiques de notre siècle, parmi lesquelles les droits des lanceurs d'alerte, la criminalité économique et l'impunité des multinationales. Dans le même temps, je collabore également avec Valérie Cabanes, juriste en droit international dont le combat depuis près de dix ans est d'obtenir l'inscription du crime d'écocide dans les statuts de la Cour pénale internationale. Elle cherche du soutien pour constituer un groupe transpartisan de parlementaires français capable de porter l'inscription du crime d'écocide dans le code pénal. Je lui propose immédiatement mon aide.

C'est au sein de ce petit groupe d'imaginatifs que se cristallise un projet commun. Simon invente un concours de plaidoiries pour les droits de la nature, Philippe et Nathalie veulent construire des coalitions, William entend échafauder de nouvelles actions en justice innovantes et Valérie souhaite transmettre aux nouvelles générations les clefs pour se former aux droits de la nature. De mon côté, je veux trouver un moyen d'attaquer le mal à la racine en faisant remonter les revendications pour les droits du vivant jusqu'au Parlement.

Notre réponse collective fut la création du programme Wild Legal en septembre 2019. Nous avons décidé de créer une école engagée pour la reconnaissance des droits de la nature qui soit également un incubateur des prochains procès, innovant grâce à la jurisprudence du vivant. Nous nous attelons à former, par le biais d'un procès simulé la nouvelle génération d'avocats engagés. À nos côtés, ils travaillent à des stratégies juridiques qui viendront directement nourrir le plaidoyer des associations partenaires sur le terrain, et si possible aboutir à des recours en justice. Nous les formons à l'art de la plaidoirie afin de leur permettre de donner à voir au public, à quoi les tribunaux de demain pourraient ressembler si nous avions enfin un droit taillé sur mesure pour défendre le vivant.

Notre première campagne est dédiée à la protection des droits de l'Amazonie et de ses gardiens et gardiennes face au fléau de l'orpaillage illégal. Grâce au programme Wild Legal, nous nous engageons auprès de l'Organisation des nations autochtones de Guyane, de l'association des femmes victimes du mercure et de Maiouri Nature Guyane, une organisation écologiste locale, à imaginer une nouvelle procédure juridique pour obtenir la reconnaissance des droits du fleuve Maroni, violés par la contamination au mercure, un métal utilisé par les orpailleurs clandestins pour extraire l'or. Pollution, déforestation, braconnage causent la disparition des espèces végétales et animales et l'intoxication des habitants de la région, notamment le peuple amérindien wayana, victime directe de la quête de l'Eldorado.

Réécrire le droit pour respecter les lois du vivant

Dans d'autres pays et notamment en Amérique du Sud, le mouvement pour les droits de la nature a pris de l'ampleur et instaure une dynamique d'espoir. C'est le cas de l'Équateur qui a reconnu en 2008 les droits de la nature dans sa Constitution, suivi en 2010 par la Bolivie qui, à son tour, a promulgué une

« loi des droits de la Terre-Mère ». Pendant que nous étions en train de batailler contre le projet Montagne d'or, en Colombie, la justice avait pris les devants en reconnaissant le 5 avril 2018 que la forêt amazonienne était un « sujet de droit ».

Dans cette affaire, un groupe de 25 jeunes avait attaqué en justice le gouvernement colombien, en raison de ses manquements en matière de lutte contre la déforestation, l'accusant de participer ainsi à aggraver le changement climatique. En effet, malgré l'accord de Paris dans lequel la Colombie s'était engagée à réduire la destruction de ses forêts, les statistiques montraient que la déforestation avait augmenté de 44 % entre 2015 et 2016. Devant la première juridiction, le recours est un échec. Mais en appel, ils obtiennent un soutien inattendu : le procureur de la République prend l'initiative de demander à la cour de ne pas analyser cette affaire uniquement sous l'angle de la lutte contre la déforestation, mais d'aller plus loin en étudiant la possibilité de reconnaître des droits à la forêt amazonienne. Et c'est ce qu'elle fait. La Cour suprême donne raison à ces jeunes et juge que la déforestation en Amazonie et l'augmentation de la température moyenne dans le pays menacent leurs droits à un environnement sain, à la vie, à la santé, à la nourriture et à l'eau. Il ordonne au gouvernement de présenter sous quatre mois, un plan d'action à court, moyen et long terme pour protéger et restaurer la forêt amazonienne. Reconnaissant que les générations futures seront celles qui subiront les pires effets du changement climatique, les juges ordonnent également la rédaction d'un « pacte intergénérationnel pour la vie de l'Amazonie colombienne », avec pour objectif d'impliquer dans ce processus les communautés affectées, les jeunes, les organisations environnementales et les scientifiques. Reposant sur le principe d'équité intergénérationnelle, ce texte entend tisser un lien de solidarité avec les générations futures, en empêchant que repose sur elles la dette écologique liée à la déforestation et au dérèglement climatique. Pour finir, la

Cour suprême reconnaît donc l'Amazonie comme un « sujet de droit », rappelant que l'État a le devoir de protéger, conserver, entretenir et restaurer la forêt en raison du droit à un environnement sain inscrit dans la Constitution colombienne.

Cette décision illustre à quel point un changement en profondeur est possible lorsqu'il est porté par la société civile et qu'il bénéficie du soutien des institutions, notamment de la justice, qui retrouve ainsi toute sa grandeur lorsqu'elle agit pour le bien de tous. N'est-ce pas exactement le genre de récit que nous espérons voir naître en France ?

Pour reconnaître les droits de la nature, il faut entériner que les fleuves, les forêts, les montagnes, ou toute autre entité naturelle, ont le droit inaliénable d'exister comme le reconnaît la Déclaration universelle des droits de la Terre-Mère, proclamée en 2010 en Bolivie au cours de la Conférence mondiale des peuples sur le changement climatique. Ce texte énonce douze droits de la nature et treize devoirs de l'être humain envers la Terre-Mère, définie comme « communauté de vie indivisible composée d'êtres interdépendants et intimement liés entre eux par un destin commun ». Au sein du réseau de l'Alliance mondiale pour les droits de la nature, de nombreux juristes et activistes travaillent à faire reconnaître les principes fondateurs, notamment par le biais de tribunaux citoyens comme celui auquel nous avions participé à Bonn, en Allemagne, pour dénoncer les dangers du projet Montagne d'or. L'objectif est simple : démontrer grâce à des plaidoiries reposant sur la déclaration des droits de la Terre-Mère, qu'en reconnaissant les droits de la nature, la justice pourrait enfin réparer les dommages causés aux écosystèmes et aux peuples victimes.

L'auteur et avocat sud-africain Cormac Cullinan expose dans son livre *Wild Law*[6] que si nous prétendons avoir des

6. Cormac Cullinan, *Wild Law : A Manifesto for Earth Justice*, Chelsea Green Publishing, 2011.

droits de l'homme inhérents et inaliénables simplement parce que nous existons en tant qu'êtres humains, alors cela devrait s'appliquer à l'ensemble des êtres vivants. De son point de vue, la source des droits de chaque individu humain ou non humain réside dans le fait que nous existons en tant que membres de la communauté de la Terre. Selon ses propos, il ne s'agit pas de donner des droits à la nature, « comme un souverain octroie des titres à ses sujets », mais de supprimer les « lunettes déformantes » à travers lesquelles les civilisations occidentales voient le monde, et qui faussent la perception de notre place dans l'univers. Cormac Cullinan nous appelle à reconnaître humblement que si nous voulons revendiquer et protéger les droits humains, la logique nous impose de reconnaître simultanément ceux des autres membres de la communauté du vivant. En suivant ces préceptes, nous pourrions utiliser les institutions, en particulier les tribunaux, pour inciter les humains à se comporter de manière à contribuer à la santé de la communauté de la Terre.

Il faut bien comprendre que ces lois empêchent simplement que les activités humaines impactent de manière irréversible le fonctionnement des écosystèmes et compromettent leur existence et donc la nôtre. Jusqu'à maintenant, l'obscurantisme des dogmes économiques et industriels nous a aveuglés, essayant de faire croire qu'il existerait une concurrence entre la protection de la nature et les droits humains. Mais la seule concurrence qui existe est celle entre les dominés et les dominants, qu'ils soient humains ou non humains. Notre modèle occidental n'a pas fait qu'imposer des objectifs de croissance contraires aux limites planétaires en puisant dans les « ressources naturelles », de la même manière, il a réduit les hommes au statut de « ressource humaine ». L'alerte des scientifiques sur la situation planétaire doit être un appel à se débarrasser de cette vision utilitariste de la nature et à inscrire l'harmonie avec le vivant comme condition *sine qua non* de la pérennité de nos sociétés humaines et de l'égalité entre tous, humains et non-humains. En termes juridiques, il s'agit donc d'énoncer un nouvel « écosystème » de droits qui protègent efficacement les intérêts de l'ensemble des espèces et d'instaurer des organes de gouvernance et de règlement des litiges qui garantissent aux gardiens et aux gardiennes de pouvoir défendre la nature.

Certains disent que la révision des normes juridiques est impossible, d'autres que c'est inutile. J'entends même parfois que c'est dangereux car cela remettrait en question les principes humanistes et la garantie des droits fondamentaux humains au profit des droits de la nature. Une aberration tant notre interdépendance avec le vivant est une évidence. L'histoire nous montre que le droit est une fiction en constante évolution. L'humain façonne les règles sur lesquelles repose la société, il les modifie selon ses aspirations, l'évolution des mœurs et les aléas politiques. Nos lois peuvent être un moyen de libération comme d'oppression.

D'ailleurs, notre civilisation s'est bâtie sur le principe de la supériorité de l'homme blanc et les avancées juridiques majeures de ces derniers siècles ont remis en question cette hiérarchisation. C'est le cas des lois instaurées pour protéger les Amérindiens. En colonisant le continent américain, les Espagnols se sont livrés à des exactions contre les peuples autochtones, tuant par millions au nom de l'Église, jetant les habitants du « nouveau monde » au fond des mines, les réduisant en esclavage. Tandis qu'en Amérique avait lieu le plus important génocide de l'histoire de l'humanité, de l'autre côté de l'Atlantique, en Europe, les penseurs, les religieux, les gouvernants s'interrogeaient sur la légitimité de la colonisation et cherchaient des justifications éthiques pour les massacres dont ils étaient responsables. Derrière les âpres discussions entre les partisans d'une domination coloniale et les défenseurs des droits des « Indiens », se cachait la question de savoir si ces peuples étaient de véritables êtres humains, et s'ils avaient droit au même statut que les hommes blancs. La colonisation était accompagnée de pratiques sordides telles que le marquage au fer rouge pratiqué par Cortes pour identifier les Amérindiens comme esclaves de guerre. « On a tenté d'abolir cette atroce coutume, mais aujourd'hui encore, en certains endroits, on les marque du nom de leur propriétaire sur le front, sur les joues. Quand ils passent d'un propriétaire à l'autre, on les marque encore et encore. Ces marques s'accumulent sur leurs visages, qui deviennent comme du vieux papier. » Tels sont les mots de Bartolomé de Las Casas, rapportés dans l'ouvrage *La Controverse de Valladolid*, de Jean-Claude Carrière[7]. Cet ouvrage relate les débats au sein de l'Église, et notamment le plaidoyer de ce prêtre dominicain, missionnaire espagnol, dénonçant les exactions des conquistadors et défendant les droits des Amérindiens. Devant le fiasco humain et moral que représente la colonisation, guidée entre autres par la folie de l'or, le roi d'Espagne Charles Quint adopte les nouvelles lois espagnoles « pour le gouvernement des Indes et le bon traitement et la conservation des Indiens » le 20 novembre 1542. Mais il fallut de nombreuses années et de multiples lois pour imposer que les peuples colonisés ne soient pas traités comme des sous-hommes et vendus ou exploités comme des biens. Au XVIe siècle, l'esclavage des Amérindiens est progressivement interdit. Il aurait été logique que cet élan de solidarité envers les peuples premiers s'applique à tous, mais la libération des uns, intensifia l'oppression des autres : le continent africain en fera les frais, puisque si les habitants des Amériques se voient officiellement reconnaître un statut plus protecteur, paradoxalement, les colons remplacent la main-d'œuvre autochtone en généralisant la traite des noirs.

7. Jean-Claude Carrière, *La Controverse de Valladolid*, Le Pré aux Clercs, 1992.

En France, il faudra attendre le XIXe siècle pour aboutir aux lois mettant fin au commerce des esclaves et à la dissonance cognitive au sein d'une société française qui se dit profondément influencée par la philosophie des Lumières et le principe d'égalité. Les esclavagistes se défendent en prédisant un effondrement économique, mais il n'est dorénavant plus acceptable moralement qu'un homme puisse en posséder un autre et l'exploiter pour accroître sa richesse. Progressivement, le droit allait vers une reconnaissance de l'égalité entre les hommes, alors que les femmes en étaient toujours exclues.

En effet, dans le Code Napoléon de 1804, l'ancêtre de notre actuel Code civil, les femmes mariées ont le même statut que les mineurs, les criminels et les fous : elles sont privées de droits. « La femme est donnée à l'homme pour qu'elle lui fasse des enfants ; elle est sa propriété comme l'arbre à fruits est celle du jardinier », prévoyait la loi. La femme et ses enfants appartiennent au mari qui en fait donc ce que bon lui semble. Dans cette société profondément misogyne, la femme n'est pas représentée et elle n'aura le droit de vote qu'en 1944. Ce n'est que dans les années 1960 que les lois libèrent enfin les femmes de la tutelle maritale. Et la route est encore longue… Les langues se délient à peine et laissent entendre les souffrances que subissent nombre d'entre elles au quotidien, à la maison, dans leur travail, dans la rue. Des organisations, comme le Mouvement de libération des femmes (MLF) dans les années 1970 font changer les mentalités, refusant l'objectivation du regard masculin et de la société patriarcale. La fin du XXe siècle est une période d'émancipation féminine, pour celles qui refusent de consentir à leur domination, aux abus et qui réclament une place dans cette société dirigée par les hommes.

À ce stade, je ne peux m'empêcher de faire le parallèle entre l'évolution tardive des droits des femmes et l'exploitation abusive de la nature, entre le patriarcat et le capitalisme extractiviste, ainsi que le font les écoféministes. La nature comme la femme sont dans une situation de vulnérabilité, exploitées par les systèmes de domination. Véritables scènes de crime, dans les mines que j'ai visitées, l'obscénité des agissements humains vis-à-vis de la terre était choquante. Comment ne pas avoir honte du comportement de notre espèce, devant ces trous béants mutilant la forêt, le sol éventré et souillé ? La destruction des écosystèmes et notamment l'activité minière constituent une atteinte à la dignité et à l'intégrité de notre Terre-Mère. Empreinte de cette logique de prédation, notre société a toléré les violences envers le corps des femmes comme elle a intégré l'exploitation des éléments naturels. Jusque dans les années 1980-1990, les viols sont systématiquement considérés comme des délits requalifiés en « attentats à la pudeur ». D'une certaine façon, il règne dans l'imaginaire collectif l'idée que si une femme est agressée, c'est qu'elle a été au mieux imprudente, au pire provocante. Quoi qu'il en soit, elle a forcément une part de responsabilité. Certaines violences ont d'ailleurs longtemps été légales, puisque le viol conjugal n'a été interdit par la loi qu'en 1992. Les atteintes sexuelles sont dénigrées, les responsables s'en tirent avec des amendes ridicules, c'est toute la société qui considère le corps des femmes comme un objet de convoitise à la disposition des hommes. Or j'observe exactement le même phénomène pour les dommages à la nature. Le juge ne condamne qu'en de rares occasions et les peines n'ont rien de dissuasif. Permis minier, autorisation de construction, forages etc. La plupart des blessures infligées à la terre sont autorisées par l'État et la justice punit rarement les quelques contrevenants sur lesquels elle réussit à mettre la main. Les mouvements des droits des femmes ont permis une prise de conscience de la société et ont fait reculer le seuil d'acceptabilité des abus commis contre le « sexe faible ». Eh bien, la nature a, elle aussi, besoin de gagner le statut de sujet, qui assure qu'elle puisse, à travers ses gardiens et gardiennes, retrouver sa dignité, son intégrité, s'émanciper et disposer d'une place dans la société, à l'abri des prédateurs économiques. Il ne s'agit pas d'opposer les droits de la nature aux droits humains, tout comme les droits des femmes ne remettent pas en question les droits des hommes, mais nous devons, au contraire, trouver une forme de complémentarité.

Il est grand temps de réécrire nos textes fondamentaux et d'y inscrire notre interdépendance avec le vivant. Pourquoi ne pas imaginer une refonte complète de la Déclaration des droits de l'homme et du citoyen de 1789, un texte écrit à l'époque par des hommes blancs pour des hommes blancs ? Ne serait-ce pas une bonne occasion de remplacer les « droits de l'homme » par les « droits humains » afin d'inclure les femmes et d'ajouter par la même occasion les droits de la nature ? Je pense en particulier à l'article 4 définissant la liberté. Jusqu'ici ce droit consiste à pouvoir faire tout ce qui ne nuit pas à autrui. Or si nous reconnaissions les droits de la nature, il faudrait également s'interroger sur les limites de nos libertés individuelles et jeter les bases d'une société capable de défendre les communs et l'intérêt collectif.

L'écocide fait son entrée au Parlement

Octobre 2019. Il est 9 heures et je retrouve Valérie Cabanes et Paul Mougeolle au café des Éditeurs, dans le quartier de l'Odéon. L'air du matin est encore un peu frais et Paris ressemble à un petit village ensoleillé. L'ambiance est studieuse car nous avons rendez-vous au Sénat dans une heure. Des députés et sénateurs de tous bords se sont montrés intéressés pour travailler ensemble à la reconnaissance du crime d'écocide. Depuis plusieurs semaines, nous nous sommes employés à rédiger une proposition de loi à leur soumettre. Valérie milite depuis sept ans à l'échelle européenne et internationale pour que les États acceptent de criminaliser les atteintes les plus graves à la nature. Paul, lui, est spécialiste du « devoir de vigilance », ce mécanisme censé garantir la prise en considération des problématiques environnementales et humaines au sein des grandes entreprises. Il voit dans la reconnaissance du crime d'écocide un moyen de contraindre les sociétés récalcitrantes par des sanctions lourdes. De mon côté, j'ai travaillé sur la transposition du droit international vers le droit français de la définition proposée par Valérie et sur la création d'une autorité administrative indépendante chargée de faire respecter des limites planétaires sur notre territoire. Nous faisons un dernier debrief stratégique autour de nos arguments et nous nous mettons en route.

Autour de la table, sont réunis les députés Delphine Batho, Erwan Balanant, le sénateur Fabien Gay et la sénatrice Sophie Taillé-Polian ainsi les collaborateurs de Matthieu Orphelin, Joël Labbé, Paul-André Colombani et Christophe Bouillon. Du Parti communiste à La République en marche, nous voulons en effet une mobilisation transpartisane, pour éviter le fiasco de mai dernier, lorsque la proposition du sénateur socialiste Jérôme Durain, parti en éclaireur, fut rejetée en bloc par la majorité présidentielle. Jusqu'ici tout se déroule bien. Valérie fait forte impression en rappelant l'état de calamité écologique vers lequel se dirige notre planète, comme pour bien souligner les enjeux de cette rencontre. En effet, cinq ans après l'accord de Paris, la France bat chaque année de nouveaux records de chaleur et nous nous dirigeons selon l'ONU vers une augmentation des températures de 3 °C à 3,2 °C d'ici la fin du siècle. Dans la salle, les élus sont attentifs à notre plaidoyer et personne ne conteste la nécessité de cette initiative, nous passons donc directement en revue les points techniques. La séance est sur le point de s'achever lorsque le collaborateur du député Christophe Bouillon, qui était resté silencieux jusqu'ici, nous annonce, un peu embarrassé, que le député va déposer le lendemain sa propre proposition de loi pour la reconnaissance du crime d'écocide. L'annonce fait l'effet d'une gifle. En agissant seul et au nom du Parti socialiste, le texte n'a aucune chance d'être adopté. La stupeur laisse place à l'énervement et les participants s'en vont échaudés par ce coup de force. Nous restons pour discuter avec le pauvre collaborateur qui, envoyé en première ligne, tente de justifier cette initiative du mieux possible. Il nous propose de nous associer aux travaux sur leur texte.

12 décembre 2019. Après plusieurs jours de négociations, Christophe Bouillon a accepté d'ajouter quelques amendements à sa formulation initiale. Aujourd'hui aura lieu le vote sur la proposition de loi. Nos amendements ont bien été enregistrés et nous avons eu le soutien de Mme Batho et de M. Orphelin qui ne nous ont pas tenu rigueur du fiasco de notre première réunion. Eux aussi ont déposé nos amendements. Invitée par M. Bouillon, je peux me rendre à l'Assemblée nationale pour le vote. Dans la salle aux moulures dorées et au velours rouge flamboyant, seule une trentaine de députés est présente. Sur les strapontins réservés au public, je suis seule, enfin presque puisque j'ai derrière moi un agent chargé de l'accueil qui me fixe en permanence. Il m'a bien expliqué les règles : pas de bruit, pas de signe ostensible ou de réactions visibles. Je n'ai le droit ni à mon téléphone portable, ni à mon ordinateur, juste à un calepin et un stylo. Depuis le balcon, j'écoute donc sagement les discours des élus.

« La France est amazonienne », rappelle M. Bouillon, reprenant les mots du président Emmanuel Macron qui parlait cet été encore d'écocide face aux incendies ravageant la forêt brésilienne. Il exhorte le gouvernement à faire preuve de cohérence. « N'ayez pas l'écologie timide » avance-t-il pour persuader les membres de la majorité de tenir tête aux lobbys et de faire de la France, non plus uniquement le pays des droits de l'homme, mais « le pays des droits de la planète ». Puis vient la position du gouvernement avec une déclaration de la garde des Sceaux Nicole Belloubet : « Je rejoins Christophe Bouillon lorsqu'il affirme que le législateur doit répondre aux attentes de la société quant à la répression des atteintes à l'environnement mais c'est sur les moyens d'y parvenir que je prendrais mes distances, ce qui me conduira à donner un avis défavorable à cette proposition de loi ». Elle soutient que le droit de l'environnement est suffisamment complet et que le problème réside avant tout dans son application annonçant un nouveau rapport d'ici à la fin de l'année. Cela tombe à point puisque 2019 ne manque pas d'exemples pour illustrer le fait que nos lois ne sont pas à la hauteur. Forages de Total en Guyane, déversements de résidus de béton Lafarge dans la Seine, incendie de l'usine de produits chimiques Lubrizol à Rouen, notre système juridique n'est tout simplement pas assez dissuasif pour tenir tête aux grands pollueurs et pour les discipliner. La ministre ne revient même pas sur nos amendements. Au perchoir, le président, penché sur son micro, met au vote les différents articles et annonce sur un ton monotone : « Rejeté, rejeté, rejeté… » En quelques minutes, des heures de travail sont mises à la poubelle. J'ai le cœur serré. On me tapote sur le bras. C'est l'employé d'accueil qui me regarde l'air sévère et me rappelle à l'ordre. « Madame, vous devez garder une expression neutre s'il vous plaît. » Ma mine défaite n'était pas à son goût. Je remballe mes affaires et je quitte le bâtiment le regard fixé vers le sol.

Travailler avec les parlementaires est un chemin obligatoire pour qui veut prendre les problèmes à la racine et changer les règles du jeu. Les entreprises, elles, n'hésitent pas à faire connaître aux parlementaires et aux ministres leurs revendications dans le but de façonner les codes selon leurs besoins. Nous ne devons plus hésiter à investir les rangs de l'hémicycle et des conseils des collectivités territoriales. Il faut mettre nos représentants face à leurs responsabilités en faisant sauter les logiques claniques qui règnent en politique. Comment parler encore de démocratie lorsque les élus de la majorité votent contre une loi pour criminaliser les grands pollueurs, uniquement parce qu'elle a été déposée par un groupe d'opposition ? Le débat parlementaire doit se faire sur des considérations de fond et défendre une vision de société. La reconnaissance du crime d'écocide est une avancée juridique indispensable pour protéger la sûreté et la santé de nos territoires et de leurs habitants, humains et non humains. Pourtant le gouvernement et les élus de la majorité présidentielle ont encore une fois démontré leur parti pris pour le *statu quo*, la défense des intérêts financiers plutôt que ceux de la nature.

L'écocide plébiscité par la Convention citoyenne

Heureusement, il y a des raisons d'espérer. Face à cet immobilisme, certains choisissent de désobéir aux schémas classiques et réclament un changement à la hauteur des enjeux. C'est ainsi qu'est née la Convention citoyenne pour le climat. Arrachée par le réalisateur Cyril Dion à Emmanuel Macron à la suite de la crise des gilets jaunes, cette convention a été mandatée pour définir un ensemble de mesures grâce auxquelles la France réussirait à diminuer d'ici 2030 ses émissions de gaz à effet de serre de 40 % par rapport au niveau de 1990, tout en garantissant que ces propositions respectent les principes de justice sociale. La convention regroupe 150 citoyennes et citoyens tirés au sort afin de constituer une France miniature : une assemblée représentative des courants politiques, des classes sociales, des tranches d'âge et de la répartition géographique de la population.

Au départ, je n'y croyais absolument pas. Alors que les scientifiques alertent depuis des années les dirigeants et qu'ils travaillent sur des scénarios complexes pour rester en dessous de 1,5 °C d'augmentation des températures, le gouvernement, mis au pied du mur par plusieurs mois d'une mobilisation, sort de son chapeau une énième consultation et charge des novices sur le sujet de déterminer les mesures à mettre en place pour atteindre les objectifs de l'accord de Paris. Non vraiment, cela me semblait être une véritable gifle pour les experts, en plus d'être une énorme usine à gaz. Mais je me suis vite rendu compte que j'avais tort.

Le 16 novembre 2019, la Convention citoyenne me convie pour une session de « speed dating » rassemblant une quarantaine d'intervenants. Les questions fusent dans tous les sens. C'est incroyable. Les citoyens réunis dans ce processus participatif portent en eux, l'espoir d'un renouveau démocratique exceptionnel. La promesse du Président de la République de transmettre sans filtre leurs mesures aux parlementaires, fait peser une lourde responsabilité sur leurs épaules dont ils ont pris toute la mesure. Grâce à la désobéissance stratégique et créative de Cyril Dion et des instigateurs de cette Convention, comme Mathilde Imer, militante engagée pour une transition démocratique locale, une période de crise politique a permis de faire une brèche dans les processus désuets de participation du public. Aujourd'hui, il est clair que les citoyens ne veulent plus uniquement être consultés, ils veulent prendre des responsabilités, agir, et décider. La Convention citoyenne, en changeant les règles, donne enfin un souffle nouveau à la vie démocratique de notre pays.

Au sein de cette assemblée, je rencontre Guy Kulitza, informaticien à la retraite vivant dans un petit village en Nouvelle-Aquitaine. Plus communiste qu'écologiste, Guy est pleinement convaincu de l'importance d'obtenir l'inscription du crime d'écocide dans la loi depuis qu'il a entendu Valérie

Cabanes en parler dans les médias. Il en a fait son cheval de bataille et sa motivation est communicative : il convainc son groupe de travail de s'approprier le sujet et d'en faire une de leur mesure phare. La théorie juridique ne lui fait pas peur, même si, modeste, c'est avant tout en tant que citoyen et au nom du bon sens qu'il s'engage pour la reconnaissance des limites planétaires et du crime d'écocide.

Si ces nouveaux concepts tendent à s'imposer progressivement dans le débat public, quittant le cercle fermé des universités, c'est en raison de la démocratisation des sciences du vivant. Nous appartenons aujourd'hui aux premières générations qui, grâce aux progrès de la science, disposent des connaissances nécessaires pour appréhender l'ensemble des impacts des activités humaines sur la santé des écosystèmes. Nous avons désormais la capacité d'observer par satellite la banquise disparaître, les forêts brûler et le niveau de la surface des océans monter. La communauté scientifique est en mesure d'évaluer la rapidité du changement climatique et de calculer la vitesse de disparition des espèces animales et végétales qui composent la biosphère. Pour autant, les dirigeants politiques se succèdent sans prendre les mesures qui s'imposent pour sécuriser le fragile équilibre mondial. Or les scientifiques commencent à définir de manière précise les rouages des mécanismes planétaires. Ainsi, une équipe internationale de chercheurs dirigée par Johan Rockström du Stockholm Resilience Centre et Will Steffen de l'Université nationale australienne, a défini dès 2009 des valeurs seuils affectées à neuf processus régulant la stabilité et la résilience du système Terre à l'échelle mondiale :

- Le changement climatique
- L'érosion de la biodiversité
- Les apports d'azote et de phosphore à la biosphère et aux océans

– Le changement d'usage des sols
– L'acidification des océans
– L'appauvrissement de l'ozone stratosphérique
– La consommation et l'usage de l'eau douce
– La dispersion d'aérosols atmosphériques
– La pollution chimique

Chacun de ces phénomènes interagit avec les autres et ensemble, ils garantissent l'existence d'un écosystème sûr et stable. Plus inquiétant, lorsqu'un processus est trop fortement impacté par les activités humaines et se dérègle, les scientifiques constatent un « effet domino » affectant les autres fonctions planétaires. Afin de garantir le bon fonctionnement de cette mécanique du vivant, des limites à ne pas dépasser doivent donc être établies et respectées. Les climatologues ont ainsi montré que pour le changement climatique, le seuil à ne pas dépasser pour ne pas provoquer de modification de l'équilibre terrestre est de 350 ppm (partie par million), taux maximal de CO_2 dans l'atmosphère pour rester en deçà d'une augmentation globale de température de 1 °C d'ici à 2100. Dépasser ce « seuil climatique » provoque un dérèglement et nous rapproche d'un « point de basculement » qui pourrait entraîner un processus irréversible d'extinction des espèces et de détérioration de la santé planétaire. L'objectif de l'accord de Paris, dans lequel les États s'engagent à agir pour « contenir l'élévation de la température moyenne de la planète nettement en dessous de 2 °C par rapport aux niveaux préindustriels et à poursuivre l'action menée pour limiter l'élévation des températures à 1,5 °C par rapport aux niveaux préindustriels », est donc en réalité un objectif qui outrepasse le seuil de 1 °C établi par les scientifiques. Cette convention internationale, arrachée après des années d'inaction fautive et que les États ont par ailleurs eu un mal fou à respecter depuis, n'est même pas assez ambitieuse, car elle ne garantit pas la préservation de l'équilibre écologique mondial. Si nous voulons pouvoir prendre des décisions éclairées en matière de politique climatique, il est donc plus cohérent de se fier aux limites planétaires établies par les scientifiques que de faire référence aux accords politiques.

« Notre planète a de la fièvre ! » comme le dit si bien Guy Kulitza. Pour répondre au défi de la crise écologique, il est donc urgent d'intégrer les mécanismes du vivant dans notre arsenal juridique. Actuellement, notre droit scinde la nature en matières et domaines distincts : mer, forêt, agriculture, mine, urbanisme… Les activités humaines encadrées par la loi sont compartimentées et les politiques réparties entre les différents ministères. La politique climatique est l'un des meilleurs exemples. Les alertes scientifiques se succèdent, différents scénarios sont mis sur la table pour baisser nos émissions et les politiques sectorielles mises en place sur le court terme n'offrent de réponse ni transversale ni transgénérationnelle.

La définition des limites planétaires transposées à l'échelle nationale et locale nous permettrait de poser un cadre infiniment plus adapté que celui du droit de l'environnement actuel. Guy l'a bien compris, même si le mandat de la Convention citoyenne est de s'attaquer à la politique climatique, celle-ci doit être pensée de manière globale. D'ailleurs, un des principaux obstacles identifiés par le Haut conseil pour le climat dans son rapport de juin 2019 est que « l'impact potentiel ou effectif des politiques et mesures sur les émissions de gaz à effet de serre n'est pas connu. Les mesures mises en place par les pouvoirs publics – y compris pour réduire les émissions – sont peu évaluées lors de leur élaboration. De la même manière, elles sont peu évaluées une fois mises en place et ne sont pas suivies *a posteriori*. C'est un obstacle à un pilotage efficace de la réduction des émissions de gaz à effet de serre. » Par conséquent, le rapport propose « d'évaluer systématiquement l'impact en émissions de gaz à effet de serre

[…] avant, pendant et après la mise en place d'une mesure. Un suivi régulier permet en effet de faire les ajustements nécessaires pour respecter les objectifs fixés ». En réalité, cette réflexion s'applique à l'ensemble des limites planétaires, pas uniquement au climat. D'ailleurs, le ministère de la Transition écologique, dans son rapport sur l'état de l'environnement en France publié fin 2019, souligne lui-même « qu'outre le fait de constituer un cadre d'analyse novateur, l'approche inédite des limites planétaires correspond à la nécessité d'actualiser les informations environnementales en offrant aux citoyens et aux décideurs une compréhension plus globale de la situation nationale ». Mais alors très concrètement, puisque les instances de l'État semblent conseiller ce changement en profondeur de nos outils d'analyse, que cela changerait-il en pratique ?

Très concrètement, l'inscription du respect des limites planétaires dans la loi ferait immédiatement obstacle à l'autorisation de nouveaux projets, comme celui des forages de Total au large de la Guyane, fin 2018. Malgré la ratification de l'accord de Paris et l'adoption de la loi Hulot, le préfet a autorisé ces travaux avec l'approbation de l'Autorité environnementale. Pourtant le bilan carbone de l'opération fourni par Total, mettait en évidence leur incompatibilité avec les engagements climatiques de la France. En y ajoutant les impacts sur les habitats des espèces protégées ainsi que le risque élevé de marée noire et donc de destruction de cette biodiversité exceptionnelle, ce projet était manifestement inconciliable avec les limites planétaires. Or justement, si ces limites devenaient un outil transversal d'appréciation des projets privés et des politiques publiques, l'administration serait enfin contrainte de refuser la réalisation des activités manifestement contraires à la protection des équilibres écologiques de nos territoires, au risque de voir les associations obtenir gain de cause devant le juge.

Comment faire sinon pour corriger les logiques industrielles qui portent atteinte à l'habitabilité de la planète ? Il n'existe pas de référentiel pour analyser correctement leurs impacts cumulés et aucune autorité n'est en mesure de faire entendre raison aux politiques qui s'en tiennent le plus souvent à une logique économique. Pas étonnant que les scientifiques du ministère observent que la France dépasse de façon certaine 6 des 9 limites planétaires sur son territoire[8].

C'est pour cela que nous avons imaginé une nouvelle instance : la Haute autorité des limites planétaires. Il s'agit d'une institution scientifique chargée de conseiller les ministères, l'Assemblée nationale et le Sénat. Chaque loi, règlement ou projet ferait l'objet d'un examen de « soutenabilité » systématique et transversal. Notre objectif n'est pas uniquement de réduire les gaz à effet de serre mais également d'enrayer l'appauvrissement de la biodiversité, de stopper l'artificialisation des sols, de réduire notre consommation en eau et de revenir ainsi pour chaque limite planétaire, sous les seuils définis comme critiques par les scientifiques. Cette autorité indépendante, nous voulons lui donner une place essentielle pour guider l'Administration dans ses choix de politique nationale, régionale ou face à un projet privé, lorsque ses décisions participent manifestement au dépassement d'une ou plusieurs limites planétaires. Total, Montagne d'or et toute la clique des détracteurs du climat et des écosystèmes se verraient enfin encadrés par une autorité suffisamment puissante pour oser contester les projets écocidaires.

Dans le cas de la mine Montagne d'or par exemple, imaginons que la compagnie minière ait à réaliser une étude d'impact reflétant les conséquences de son projet sur l'ensemble des limites planétaires. La facture serait salée ! Un bilan carbone

8. *Rapport sur l'état de l'environnement en France – Édition 2019*, ministère de la Transition écologique et solidaire.

qui équivaut à lui seul à 50 % des émissions des gaz à effet de serre du territoire guyanais, la déforestation de 575 hectares de forêt primaire, l'utilisation de 470 000 litres d'eau par heure, la destruction de l'habitat de 127 espèces protégées… Autant dire que si ce genre de dossier venait à être posé sur le bureau de la Haute autorité des limites planétaires, il recevrait un carton rouge immédiatement.

L'objectif n'est pas de bloquer les entreprises, mais d'imposer aux acteurs économiques une stratégie qui nous permette de respecter un plafond écologique viable, car pour le moment nous sommes bien éloignés de la neutralité carbone et de l'application du principe de « zéro perte nette de biodiversité ». Cette autorité aurait donc également pour mission d'accompagner les entreprises des secteurs les plus polluants afin d'aboutir à un modèle d'activité respectueux du cadre des limites planétaires.

Et pour sanctionner les récalcitrants, ceux qui malgré les alertes des scientifiques et les mises en demeure de l'autorité, contreviendraient toujours aux stratégies d'adaptation, le droit doit se doter de nouveaux outils. C'est la mesure défendue par Guy Kulitza de la Convention citoyenne pour le climat sous le nom de crime d'écocide. L'objectif est de poursuivre les grandes entreprises dont l'activité pèse massivement sur les limites planétaires causant des dommages graves, étendus et durables aux écosystèmes et qui, pour faire du profit, nous entraînent dans un processus d'extinction irréversible des espèces et de généralisation désastreuse des catastrophes climatiques.

Car il nous faut de nouveaux mots pour désigner les phénomènes dont notre civilisation est à la fois témoin, victime et responsable. Face aux bouleversements écologiques que nous traversons notre vocabulaire actuel ne suffit plus. Nous ne pouvons plus nous contenter d'utiliser les mots du siècle dernier pour qualifier des phénomènes sans commune mesure avec ce que nous connaissions jusqu'ici. Dans cette époque, que les géologues ont dénommée l'Anthropocène, « l'ère de l'homme », en raison de notre capacité à marquer durablement l'équilibre des écosystèmes planétaires, il nous faut construire un nouveau récit et pour cela adapter notre vocabulaire à l'évolution de notre société. C'est pourquoi il est aussi important que le terme d'écocide trouve sa place dans le registre de notre siècle.

En reconnaissant l'importance d'agir face aux crimes contre la nature, nous pourrons bâtir un nouveau système de valeurs. Destruction de la biodiversité, artificialisation, déforestation, pollution de l'eau, émissions massives de particules dans l'atmosphère… Actuellement les activités industrielles provoquent des dommages écologiques graves en toute impunité, avec l'accord de l'Administration. Pourquoi ? Parce que l'État distingue entre les destructions de la nature qui sont légales, car autorisées par les pouvoirs publics et celles qui sont illégales. La limite entre les dégradations qui sont tolérées et celles qui ne le sont pas relève d'un arbitrage entre les intérêts économiques privés des entreprises, l'intérêt général parfois et les objectifs en matière de protection de la nature que les gouvernements se sont fixés ou non. Des territoires entiers peuvent ainsi être sacrifiés. La France compte par exemple plus de 323 000 anciens sites miniers et industriels, dont la dépollution n'a souvent été assurée que de manière superficielle voire laissée aux générations suivantes. La reconnaissance du crime d'écocide vise à se doter d'une incrimination indépendante de l'Administration, reposant uniquement sur la constatation scientifique d'atteintes graves à l'intégrité de la nature et à la santé des territoires.

Grâce à l'action commune de la Haute autorité des limites planétaires et des juges armés du crime d'écocide, la France pourrait opérer un changement radical de politique en prévenant les atteintes à la nature grâce à une analyse beaucoup plus exigeante et cohérente en amont, et des sanctions pour poursuivre les récalcitrants si besoin en aval.

20 juin 2020. C'est dans une ambiance survoltée que les membres de la Convention citoyenne pour le climat accueillent la mesure « Légiférer sur le crime d'écocide » présentée par Guy. En raison des mesures sanitaires dues à la Covid-19, les participants sont répartis dans différentes salles du Conseil économique et social à Paris. Je suis la retransmission en ligne depuis chez moi, un peu nerveuse. Depuis plusieurs heures, les prises de parole s'enchaînent et les votes se déroulent dans le calme. Mais à l'annonce de l'adoption à 149 voix pour et une voix contre de la mesure en faveur du crime d'écocide, les citoyennes et les citoyens se sont levés, applaudissant et chahutant durant de longue minute. Derrière mon écran, je les regarde faire la ola et je réalise : ça y est ! C'est une étape décisive que nous venons de franchir. Neuf mois déjà que leurs travaux avaient commencés et les citoyens ont fait preuve d'un grand sens des responsabilités. Décidément, cette assemblée citoyenne a montré beaucoup plus de courage, de créativité et de convictions que je n'ai pu en voir du haut de mon balcon à l'Assemblée nationale.

Droits de la nature, le monde d'hier versus celui de demain

Quelques jours après le vote, les premiers articles de presse tombent en cascade. Alors qu'en façade les membres du gouvernement se félicitent pour l'organisation de la Convention citoyenne pour le climat, en coulisse l'accueil réservé aux 149 mesures votées est nettement moins chaleureux. Dans des propos rapportés par le *Canard enchaîné*, le Premier ministre, Édouard Philippe, dézingue l'écocide. « Ce serait la meilleure façon pour que n'importe quelle association, lobby ou citoyen ait la possibilité de saisir le juge pour faire arrêter une activité humaine, une entreprise, une association et même son voisin », caricature le ministre. Toujours selon les propos rapportés par le journal, il soutient que l'inscription de la « préservation de l'environnement » dans la Constitution serait une façon de « limiter les libertés individuelles à la responsabilité environnementale. Ce qui signifie que, dans ce cas-là, on vivrait dans un pays restrictif des libertés sur la base d'une notion floue. Moi, je ne souhaiterais pas vivre dans un monde comme ça », aurait-il ajouté.

Là où un apiculteur, un permaculteur, où tout autre professionnel dont l'activité dépend de la bonne santé des écosystèmes a bien conscience de l'interdépendance entre l'homme et la nature, M. le ministre voit une opposition entre droits humains et droit de l'environnement. En réalité, il y a antagonisme d'intérêts entre la sauvegarde des richesses naturelles dont tous les êtres vivants partagent l'usage, appelé les communs, et les logiques prédatrices de certaines entreprises, qui pour faire du profit accaparent ou détruisent ce qui est vital. Faudrait-il donc vivre dans un pays où la liberté d'entreprendre est tellement sacrée qu'on ne lui impose aucune limite ? Devrions-nous accepter de respirer les fumées industrielles et de boire de l'eau polluée par des rejets des entreprises, sous prétexte que protéger l'environnement pourrait restreindre les droits des multinationales ? Non, décidément je ne voudrais pas vivre dans ce monde-là. Nos dirigeants oublient-ils notre lien à la nature par ignorance ou choisissent-ils au contraire en toute connaissance de cause de protéger les intérêts privés au lieu de l'intérêt général ?

29 juin 2020. Le Président de la République invite les membres de la Convention citoyenne pour le climat à l'Élysée. Des chaises ont été installées dans le jardin, formant un hémicycle devant lequel est dressé le pupitre présidentiel.

Emmanuel Macron félicite les invités pour le travail accompli et revient sur les propositions adoptées. Vigilants, les citoyennes et les citoyens attendent l'annonce des 3 veto présidentiels. L'allocution est retransmise en direct sur internet. Vu les prises de position dans les médias ces derniers jours, j'ai bien peur que l'écocide figure parmi les mesures qui seront rejetées. Mais quand vient le tour de la proposition pour la reconnaissance du crime d'écocide, Emmanuel Macron déclare : « je pense que c'est une notion extrêmement structurante pour la protection des écosystèmes et la défense de l'écologie et de la biodiversité, pour aujourd'hui et pour demain. » Il ajoute : « Je souhaite que nous puissions étudier avec vous, avec l'appui de la justice, comment ce principe peut entrer dans le droit français, dans le respect de nos principes fondamentaux. » Sa déclaration nous prend de court. Finalement, il n'écarte pas la reconnaissance du crime d'écocide, il annonce des travaux et s'engage même à soumettre la mesure au référendum dans le cas où nous ne serions pas satisfaits de la définition proposée. C'est un peu trop beau pour être vrai, et surtout c'est en totale contradiction avec la position de la ministre de la Justice, Mme Belloubet, qui s'est à plusieurs reprises exprimée dans les médias à ce sujet, soutenant que le crime d'écocide en tant que disposition pénale, ne pouvait pas faire l'objet d'un référendum. Alors que fallait-il comprendre, un nouveau coup de poker ou un engagement sincère ?

Dans le doute, nous décidons de créer un groupe de travail rassemblant citoyens, scientifiques et professionnels du droit pour poursuivre nos travaux et parer aux reproches exprimés par le gouvernement. Nous consultons notamment les théoriciens des limites planétaires qui composent l'équipe du Stockholm Resilience Centre et Johan Rockström lui-même. Selon eux, si la France mettait les moyens, elle pourrait d'ici deux ans transposer les seuils définis par les chercheurs au niveau mondial afin de disposer d'un référentiel chiffré au niveau national et régional. Une raison de plus pour créer une Haute autorité des limites planétaires.

Nous décidons également de continuer à travailler sur notre définition juridique du crime d'écocide, pour trouver une formulation qui reprendrait à la fois les intentions et la philosophie de la proposition de la Convention citoyenne, mais qui prendrait également en considération les frontières de la science, l'agenda politique et l'urgence à agir pour la planète. Comme il n'existe pas encore de définition unanimement entérinée par la communauté internationale, c'est un travail de pionnier. Durant l'été, Helena Seron, juriste pénaliste, vient frapper à la porte de Wild Legal pour s'engager à nos côtés. Grâce à ses travaux sur la reconnaissance du crime d'écocide, nous peaufinons notre proposition, étayons nos arguments contre les critiques et obtenons l'avis d'autres spécialistes. À chacune de nos rencontres, le 6 et le 27 octobre, malgré nos relances opiniâtres, les directeurs de cabinets et les conseillers juridiques se montrent très évasifs sur l'avenir de notre proposition.

Le lundi 23 novembre 2020, le cabinet du ministre de la Justice et celui de la Transition écologique nous donnent rendez-vous pour nous présenter l'aboutissement de leurs travaux. Le jour précédant notre rencontre, nous recevons un document de travail résumant maladroitement les mesures proposées et découvrons dans la presse une tribune cosignée par les deux ministres annonçant non pas la création d'un crime d'écocide mais d'un délit de pollution. Une réunion de crise est organisée avec les membres de la Convention citoyenne pour nous mettre d'accord sur une position commune. Guy et ses compagnons sont atterrés : rien dans ce document ne renvoie au crime d'écocide et ils comptent bien le faire savoir. Le lendemain, M. Dupont-Moretti et Mme Pompili nous reçoivent par vidéoconférence. « Vous nous avez obligés à nous dépasser et je veux vous en remercier » nous lance Madame la ministre tout en ajoutant : « Je suis ministre, mais vous le savez, je suis avant tout une militante écologiste ». Je ne suis pas une puriste, mais tout de même, pour quelqu'un qui, quelques semaines auparavant, a soutenu la réintroduction des néonicotinoïdes – les insecticides tueurs d'abeilles – pour « sauver » la filière de la betterave, la référence au militantisme est osée, voire déplacée. Mais soit. Les citoyens ne sont de toute façon pas dupes et font part un à un de leur déception. Guy rappelle que les discussions sur la scène internationale placent l'écocide au niveau du crime de génocide, et que par soucis de cohérence, il est donc impensable que la France en donne une définition qui amoindrisse sa portée en l'associant à un simple délit de pollution. Surtout qu'en y regardant de plus près, ce que proposent les ministres correspond au « délit générique d'atteinte à l'environnement », une mesure que le gouvernement a tirée du rapport *Une justice pour l'environnement*, publié en octobre 2019 et opportunément renommé « délit d'écocide ». « Pour nous, c'est LE crime contre l'environnement, celui qui est au sommet de la pyramide. Votre proposition ne correspond pas aux objectifs fixés par la Convention citoyenne », explique Guy. M. Dupond-Moretti qui soutient que reconnaître l'écocide comme un crime impliquerait un procès jugé en cour d'assises, devant un jury populaire. Or, selon lui, les atteintes à l'environnement relèvent d'un domaine bien trop complexe pour le citoyen. Cet argument teinté d'un certain mépris de classe est tout à fait inapproprié, alors qu'au sortir de la Convention citoyenne, il semble pourtant évident que la compréhension des mécanismes du vivant n'est pas uniquement réservée aux experts. Au contraire, les statistiques montrent qu'actuellement les magistrats ont tendance à préférer conclure des transactions pénales, qui permettent aux auteurs de dommages écologiques de ne pas se retrouver devant les tribunaux. Pour tenter de trouver un compromis nous suggérons de prévoir une formation de jugement mixte, regroupant des magistrats et des citoyens. Mais aucune marge de manœuvre ne nous est laissée. Dépitée, je demande une dernière fois la parole. « Étant donné que ce délit ne répond pas aux ambitions de la Convention citoyenne, nous souhaitons qu'il ne porte pas le nom d'écocide, afin de laisser la porte ouverte à de prochaines discussions. » Mme Pompili clôt les débats en annonçant que cela sera décidé au cours des discussions parlementaires dans l'hémicycle.

Ces annonces sont décevantes, mais elles ne doivent pas nous décourager. D'aussi profonds changements impliquent forcément de fortes résistances de la part de ceux qui bénéficient de l'ordre établi. Les membres de l'association Wild Legal et de la Convention citoyenne ont décidé de continuer à porter l'écocide malgré les renoncements du gouvernement. Nous nous sommes d'ores et déjà mis en quête de députés et de sénateurs qui porteront et défendrons les amendements que nous avons rédigés. Le Président de la République a changé les règles du jeu en cours de route, en passant d'une promesse de transmission sans filtre des mesures au Parlement, à une réécriture complète dans un projet de loi porté par le gouvernement, mais nous pouvons malgré tout faire vivre le débat. Nous tenons à mettre en lumière les effets de manche du gouvernement, confronter leurs annonces purement médiatiques à la teneur de nos propositions juridiques, mettre les ministres et les députés de la majorité face à leurs obligations. S'ils refusent de reconnaître le crime d'écocide alors qu'ils assument de voter publiquement contre nos amendements.

Il serait illusoire de s'attendre à ce que la révolution copernicienne que représente la reconnaissance des droits de la nature et du crime d'écocide, vienne de nos élus. Ce changement doit venir de nous, des citoyens engagés qui agissons et mettons en œuvre des projets concrets pour défendre la nature. Copernic et Galilée n'auraient pu réussir à convaincre l'Église, même avec les meilleurs arguments scientifiques, si grâce à l'invention du télescope, l'observation des étoiles n'était pas devenue accessible à tous. De la même façon, nous ne pouvons pas compter sur ceux qui nous gouvernent actuellement et qui ne prêchent que la croissance pour changer de trajectoire. La diffusion du savoir est un outil fondamental pour amener les grands changements de société. Or ce sont les bouleversements sociétaux qui impulsent l'adoption de nouvelles lois, pas l'inverse. Il nous faut réaliser le grand coup de force de convaincre que ce nouveau récit n'est pas seulement nécessaire mais également désirable.

Un nouveau récit, par la nature et pour la nature

Septembre 2020. Pour la deuxième promotion de Wild Legal, nous avons décidé de former nos élèves à l'utilisation du concept de l'écocide. L'école aura pour ambition cette année d'incuber le procès de l'usine Alteo de Gardanne, une installation située à une trentaine de kilomètres de Marseille qui produit de l'alumine. Le procédé de fabrication a pour conséquence le rejet des fameuses « boues rouges ». Par une canalisation de plus de 55 km de long construite en 1966, l'industriel a déversé jusqu'en 2015, près de 32 millions de tonnes de ces déchets toxiques directement dans la Méditerranée. Progressivement les boues se sont répandues sur une surface de 2 400 km^2 entre Martigues et Toulon. Au fond de la mer, c'est toute la vie en contact avec les sédiments qui a été progressivement recouverte et détruite par ces rejets polluants. Autrefois connue pour être une zone très prisée des pêcheurs locaux, les poissons ont désormais déserté la zone. Depuis 2015, Alteo sépare les boues rouges déshydratées pour les envoyer dans une décharge voisine et continue à expédier par la canalisation, le reste de ses effluents liquides directement dans la mer.

L'association ZEA se bat contre ce scandale écologique et tente depuis des années de faire cesser les contaminations. Elle a déjà mené de nombreuses actions, notamment devant les tribunaux. L'industriel qui bénéficie d'un passe-droit pour polluer l'océan s'est ainsi vu rattrapé par la justice en juillet 2018, lorsque son autorisation à rejeter la partie liquide de ses déchets en mer a été raccourcie de deux ans. Elle aurait dû finir au 31 décembre 2019 comme l'avait réclamé le juge, mais la Préfecture est venue encore une fois à la rescousse d'Alteo. Cette situation dure toujours. En prolongeant encore et encore le permis de polluer de l'industriel, elle a rendu légal ce qui depuis longtemps aurait dû cesser de l'être. Mais l'État fait prévaloir les intérêts économiques de l'industriel et les 400 emplois que représente l'installation.

Pourtant, il n'y a pas que la nature qui est en danger dans cette affaire. La santé des pêcheurs et des habitants est directement impactée. Mais les marins sont réticents à dénoncer cette pollution. Si les poissons sont contaminés, cela pourrait les priver de leur gagne-pain. Les riverains de la décharge n'ont pas non plus envie de voir leur maison perdre toute sa valeur, en braquant la lumière sur les pollutions aériennes dont ils sont pourtant les premières victimes. Une situation qui profite bien au pollueur. L'État, complice s'est montré incapable de protéger l'intérêt général et les communs.

Face à ce scandale sanitaire et écologique, Wild Legal et ZEA ont décidé d'unir leurs forces pour faire reconnaître le rejet de ces millions de tonnes de boues rouges au titre du crime d'écocide. Au sein de notre école, le programme de procès simulé permettra à nos jeunes étudiants de se plonger dans cette affaire. Leur consigne : partir du postulat que le gouvernement a inscrit dans le droit français le crime d'écocide mais également le délit générique d'atteinte à l'environnement, cette fameuse infraction que les ministres de la Justice et de la Transition écologique voudraient rebaptiser en « délit d'écocide ». De cette manière, nos avocats en herbe montreront en situation réelle, les avantages et les limites de chaque proposition, la nôtre et celle de l'État. La formation se clôturera par une grande plaidoirie, une joute verbale et juridique pour montrer à quoi pourrait ressembler la justice de demain si nous nous engageons pour la reconnaissance du crime d'écocide et des droits de la nature.

Ce procès fictif, c'est un peu comme le télescope de Galilée, un moyen de voir de plus près les enjeux autour la création de nouvelles lois respectueuses du vivant afin de contempler un futur proche, débarrassé de l'impunité des pollueurs, rendant justice aux milliers voire millions d'êtres vivants dont l'existence a été détruite par les activités écocidaires d'Alteo Gardanne. En donnant à tous la possibilité d'observer ce nouvel ordre du monde et ses conséquences, nous voulons convaincre de l'importance de transformer notre société.

Il existe des langues autochtones dans lesquelles le mot « nature » n'existe pas. Leur représentation de l'univers inclut l'humain et la nature dans un même tout, le vivant. Notre langage s'adapte à notre culture, et comme le droit, nous le créons en fonction de leurs besoins. C'est pourquoi, pour réaliser notre révolution copernicienne, il nous faut réviser notre manière de penser le monde et inclure dans notre langage des mots et des concepts neufs comme l'écocide pour forger de nouveaux récits et bâtir une nouvelle civilisation. Le philosophe Glenn Albrecht parle de l'ère du Symbiocène, une époque nouvelle reposant sur une gouvernance repensée « pour la Terre, par la Terre ».

La reconnaissance des droits de la nature est une partie de cette nouvelle organisation grâce à laquelle nous avons l'opportunité de désobéir aux règles actuelles et de faire preuve de créativité pour construire le monde dont nous avons envie pour demain. Il s'agit d'inventer un futur dans lequel nous projeter, sans nous construire uniquement en opposition au capitalisme, mais en ayant comme boussole des lois en accord avec la nature.

J'ai rencontré durant ces dernières années des personnes qui chacune à sa façon se sont engagées pour la protection des droits de la nature. Isabelle, Philippe, Claire, Pascal et tous les membres du collectif Or de question qui luttent contre la mine, Franck et son *abattis* en permaculture, Guy qui est devenu le « M. Écocide » de la Convention citoyenne pour le climat et bien d'autres. Pour accélérer la transition et induire un changement de société, il est nécessaire d'adopter une langue commune qui rassemble celles et ceux qui agissent pour protéger l'intégrité de notre planète et qui nous permette de traduire une volonté partagée. Des militants anti-mine de Guyane aux lanceurs d'alerte des algues vertes en Bretagne. Des défenseurs de l'océan à Marseille aux membres de la Convention citoyenne rassemblés à Paris, la philosophie des droits de la nature renferme la possibilité et faire naître ces mots et d'écrire un nouveau récit, ensemble.

Chapitre 7

Devenir gardien et gardienne de la nature

Si nous pouvions converser avec la nature, nous pourrions la questionner et lui demander ce qu'elle pense de ces nouveaux droits que nous tentons de lui reconnaître dans notre législation. Trouve-t-elle notre modèle juridique trop compliqué ? Est-elle soulagée, réconfortée de nous voir prendre sa défense devant les tribunaux ? Ce qui est sûr c'est qu'elle ne serait jamais venue d'elle-même réclamer ses droits. On n'a jamais vu les restes d'une forêt calcinée envahir un tribunal, un fleuve grondant de colère inonder un parlement, encore que ! Pour faire respecter ses droits devant les tribunaux ou devant l'Administration, la nature ne peut compter que sur ses gardiens et gardiennes.

S'inspirer des précurseurs

Dans les États où des droits ont été reconnus à la nature, différents mécanismes de représentation ont été imaginés pour permettre à la voix des écosystèmes d'être entendue à travers des « porte-parole » humains.

Parfois ces gardiens ou gardiennes sont reconnus par la loi et font partie de la culture nationale. C'est le cas, par exemple, des tribus Maoris, dont le concept de « *kaitiaki* » ou gardien de la nature fait partie de la culture néo-zélandaise populaire. Après 140 ans de négociations politiques et juridiques, ce peuple autochtone de Nouvelle-Zélande a obtenu la reconnaissance des droits de son fleuve sacré, le Whanganui. Dans la cosmologie traditionnelle maorie, le principe *Ko au te Awa, ko te Awa ko au* (« Je suis la rivière et la rivière c'est moi ») signifie que les populations s'identifient profondément aux écosystèmes et que leur santé et leur bien-être est intrinsèquement lié à celui de ce cours d'eau. Cette maxime est ancrée dans la culture et fonde une relation très particulière à la nature qui explique l'engagement de ce peuple pour mettre un terme aux activités économiques polluantes ou invasives. Révoltés par la bétonisation des berges, l'exploitation hydroélectrique, ainsi que l'aménagement des rapides, les Maoris réussirent à imposer leur vision animiste au législateur.

Par la loi du 20 mars 2017, les Maoris sont devenus les gardiens et gardiennes légaux du fleuve Whanganui. La défense des intérêts du fleuve est ainsi assurée par une entité juridique à visage humain, composée de deux membres, l'un nommé par les tribus vivant le long du fleuve, l'autre nommé par le ministre chargé des négociations entre la Couronne et les Maoris. Ces gardiens sont tenus d'agir dans l'intérêt du fleuve et uniquement à cette fin. Selon la culture maorie, le Whanganui est « un tout vivant et indivisible comprenant le fleuve des montagnes à la mer, incorporant ses affluents et tous ses éléments physiques et métaphysiques ». La Nouvelle-Zélande inscrit ainsi dans le droit, le lien profond qui unit ce peuple aux éléments de la nature dans leur vision holistique du monde. Il s'agit d'une relation bien plus forte qu'un simple constat de dépendance entre les habitants et le milieu naturel qui leur permet de trouver leur subsistance. Cette union pourrait être décrite comme une forme de parenté. Les Maoris considèrent le fleuve comme étant un être vivant qui est à leurs côtés, les accompagne dans leur vie de la même façon qu'il a accompagné des générations d'anciens avant eux. Il est également d'une artère culturelle de ce peuple, car de très nombreuses légendes et récits ancestraux prennent naissance dans les méandres du Whanganui. Il est donc tout à fait compréhensible qu'ils soient les plus légitimes à être les porte-parole, les gardiens et gardiennes de ce fleuve.

Mais parfois, la désignation des gardiens et gardiennes de la nature prend d'autres chemins. Ils peuvent par exemple être nommés par la justice quand l'État fait défaut. Ce fut le cas en Colombie, en 2016, lorsque la Cour constitutionnelle fut saisie d'un recours contre la pollution liée à l'orpaillage qui menaçait à la fois la biodiversité et l'équilibre écologique du fleuve Atrato et la santé des peuples riverains. Long de 750 kilomètres, cet écosystème monumental traverse des territoires aux richesses naturelles extraordinaires bien que les populations locales soient d'une extrême pauvreté. La région traversait alors une crise humanitaire majeure : du fait de la contamination du fleuve par les exploitations minières, le poisson, denrée alimentaire essentielle, n'était plus consommable obligeant les habitants à travailler à la mine pour gagner de quoi acheter de la nourriture de substitution.

Ce sombre cercle vicieux a heureusement été brisé par la justice. Dans cette affaire, les magistrats ont constaté que l'État colombien n'avait pas agi de manière adéquate pour faire face à la détérioration de la situation écologique et sanitaire. Ils ont jugé que la contamination des écosystèmes constituait une violation grave d'une longue liste de droits fondamentaux : le droit à la vie, à la santé, à l'eau, à la sécurité alimentaire, à un environnement sain, à la culture et au territoire des communautés ethniques qui peuplent les berges de l'Atrato. C'est ainsi que la Cour constitutionnelle a reconnu le fleuve, son bassin et ses affluents en tant qu'entité sujet de droit. Dans cette décision historique, la justice a, par conséquent, précisé que l'État et les communautés ethniques locales sont tenus de mettre un terme aux activités minières qui portent atteinte au droit, à la protection, à la conservation et à la restauration de l'Atrato. Les juges ont par ailleurs reconnu que la destruction du fleuve était également une atteinte à ce qu'ils ont appelé les droits « bioculturels » des habitants, statuant qu'avec la disparition de leur habitat, ces peuples voyaient leurs cultures, leurs traditions et donc leur identité disparaître. Alors, au lieu de sanctionner l'État pour son inaction et les habitants pour leur complicité, la justice a ordonné la mise en œuvre d'un mécanisme plaçant le fleuve sous la tutelle légale partagée des communautés locales et de l'État colombien. Depuis cette décision, une commission de gardiens et gardiennes de l'Atrato a été créée et regroupe 14 membres désignés par les habitants.

De manière très concrète, ces gardiens et gardiennes ont pour mission de mettre en place un programme reposant sur quatre axes de travail. Premièrement, ils doivent adopter, en collaboration avec le ministère de la Défense, un plan de lutte pour éradiquer l'orpaillage illégal. Deuxièmement, afin de répondre à l'urgence sanitaire, un dépistage régulier des habitants doit être mis en place avec le ministère de la Santé. Troisièmement, ils ont la charge de concevoir un programme de décontamination du fleuve avec le ministère de l'Environnement et quatrièmement, il leur faut adopter un plan d'autonomie alimentaire respectueux des traditions locales, en coopération avec le ministère de l'Agriculture. Cette démarche est accompagnée par une équipe consultative de scientifiques. C'est un processus original et passionnant, car au lieu d'imposer par la force un programme musclé de lutte contre l'orpaillage qui aurait privé les communautés de revenus sans leur fournir d'alternative économique, les juges ont opté pour une solution de long terme, holistique et inclusive. En responsabilisant l'État et les habitants du fleuve, la justice a, à mes yeux, trouvé une solution exemplaire à la fois en termes de démocratie et en termes de reconstruction d'une relation saine avec le fleuve Atrato pour les générations présentes et futures. Devenus gardiens et gardiennes, leur avenir et l'amélioration de leurs conditions de vie sont désormais intimement liés au succès de cette mission : garantir la santé du fleuve. À la place de l'ancien cercle vicieux, les premiers concernés se retrouvent ainsi pris dans une spirale ascendante et vertueuse où les intérêts de l'Atrato et leurs intérêts se rejoignent. L'avenir nous dira s'ils ont réussi à être de bons gardiens pour la nature.

Des exemples, il en existe beaucoup d'autres. Pour certains, ce rôle de gardien et gardienne de la nature, avec ses responsabilités associées, est inné, pour d'autres, il s'impose du fait de l'urgence écologique. Mais alors, qui peut être gardien ? Est-ce réservé uniquement aux nations autochtones, à ces peuples qui ont su protéger leur lien à la terre ? Je ne le crois pas. Doit-on avoir un attachement transgénérationnel avec un territoire pour en être un défenseur légitime ? Pas forcément. Au lieu d'essayer de dresser un profil idéal, je souhaite montrer que devenir gardien ou gardienne est avant tout une question d'engagement personnel et de positionnement vis-à-vis de la communauté du vivant.

Prendre soin de soi et de la Terre

Je me souviens du soir où j'ai dormi au village d'Awala, chez Alexis Tiouka. Dans la cuisine, le poisson cuisait lentement dans son jus de manioc. Les pieds dans le sable, nous regardions les étoiles qui semblaient si proches de nous que lever les yeux était comme se promener dans le ciel. La lumière d'une petite lampe et celle du feu allumé près du carbet étaient les seules sources de lumière qui éclairaient la table et les invités. Dans cette atmosphère détendue, le silence s'installait régulièrement entre nous, sans pour autant créer de gêne. Nous étions plusieurs invités, dont Maurice, le frère d'Alexis. C'était notre première rencontre. Très réservé, il préférait apparemment parler en kali'na. Alors que je ne m'y attendais plus, vers la fin du repas, sur un ton très bas, il m'a adressé quelques mots en me regardant d'un air grave. Ses propos portaient sur la vision amérindienne selon laquelle la vie est composée de plusieurs stades liés à des étapes de l'existence. Un enfant est au stade 1, ce qui correspond à la période de la vie durant laquelle, on est à la charge des adultes. En grandissant et en ayant des enfants, un individu porte la responsabilité de sa famille et passe ainsi aux étapes suivantes. J'écoutais en silence mon interlocuteur qui poursuivait sur le même ton. « Toi, tu es bloquée au stade 1, tu n'as pas d'enfants, tu ne sais ni prendre soin de toi, ni prendre soin des autres. Alors comment veux-tu savoir prendre soin de la terre ? » m'a-t-il asséné. Je ne sais plus ce que j'ai répondu, j'étais sonnée. J'ai essayé d'en savoir plus sans succès.

Les mots du frère d'Alexis ont longtemps résonné en moi, questionnant sans cesse mes motivations profondes pour cette vie de militantisme. Mes absences prolongées de Paris et mon implication acharnée dans les luttes de terrain m'avaient entièrement accaparée ces derniers mois et progressivement coupée de ma vie d'avant. Chaque jour charriait son lot d'urgences à traiter : communiqués de presse, réunions, organisation de marches climat, interviews… Tout était si nouveau, si prenant, ce petit groupe de militantes et de militants était devenu ma tribu d'une certaine façon car nous étions tous animés du même désir de faire tomber les projets de Montagne d'or ou de Total. Cette complicité sans limite, m'a éloignée de mes attaches parisiennes et a fait imploser mon couple de l'époque sans que je ne voie rien venir. Je n'étais d'ailleurs pas la seule dans cette situation, un certain nombre d'entre nous avaient mis dans la balance leur santé, leur famille, leurs enfants ou leur travail en se consacrant pleinement à ces luttes effrénées.

Finalement, en repensant aux mots prononcés sur la plage d'Awala, j'étais forcée de constater qu'effectivement, je n'avais su prendre correctement soin ni de moi, ni des autres. Depuis, j'ai tenté de comprendre pourquoi et surtout de m'améliorer.

Beaucoup de raison peuvent nous pousser à nous engager, parfois même au détriment de nos propres intérêts. Le sentiment d'urgence face aux projets écocidaires. Le besoin de trouver des exutoires, d'agir ou plutôt de ne pas rester sans rien faire face à l'ampleur de la crise écologique planétaire. Il est néanmoins important de savoir prendre du recul, de ne pas se jeter à corps perdu dans une forme de lutte qui pourrait être toxique pour soi comme pour les autres. Devenir gardienne ou gardien de la nature est un engagement sur le long terme, pas un sacrifice, il faut donc trouver un équilibre de vie.

Passer par l'école du vivant

Près de Saint-Laurent-du-Maroni vit encore un chamane kali'na. Malgré son grand âge, il suit de près les mobilisations des jeunes Amérindiens contre Montagne d'or. Lui aussi espère que les industriels finiront par abandonner leurs projets et repartir. À ses yeux, il est impensable de développer cette mine car le bassin de la Mana, la rivière qui traverse ce territoire est un lieu sacré, craint et respecté de son peuple.

L'histoire orale raconte que sur la Mana, se trouvait un village qui s'appelait Ulemali Untɨ, ce qui veut dire « les racines de l'*Ulemali*[1] ». Cet arbre joue un rôle important dans la spiritualité ancestrale, car son écorce, d'un beau rouge sang, est récoltée puis séchée pour confectionner de longs cigares. La consommation de ce tabac par le chamane est réputée hallucinogène et permettrait ainsi à celui-ci de se rapprocher

1. Le *Couratari multiflora.*

du monde des esprits. Dans ce village, les anciens racontent qu'une grande cérémonie de résurrection des morts avait été organisée. Mais alors que la fête battait son plein, le rituel avait été stoppé net. Une femme, en voulant apporter à manger au chamane, venait de le toucher involontairement. Un contact avec le sage interdit par les règles du rite. Cette offense aurait déclenché un désastre et bouleversé le cycle de la vie. Alors que jusqu'ici les femmes avaient le don d'enfanter et les hommes de ressusciter les morts, depuis ce jour ce pouvoir masculin de résurrection a disparu créant un profond déséquilibre entre les sexes. Désormais, certaines parties de la forêt sont réservées aux esprits et les humains ne peuvent y aller seuls, sans chamane. Les habitants de Ulemali Unti sont devenus des *Imawalé*, des esprits qui n'ont pas trouvés la paix. D'ailleurs, la tradition raconte que les visiteurs peuvent toujours entendre leurs chants quand ils traversent ce territoire sacré. Depuis cette époque, la nature a choisi de se protéger des humains et ne veut plus d'eux. C'est pour cela que les Kali'na ne s'installent plus sur la rivière Mana. Évidemment, la compagnie Montagne d'or se fiche bien de ces lieux sacrés, de ces histoires ancestrales et de la protection du lien de ces peuples à la terre. Pourtant, cette déconnexion entre ces hommes, l'*Homo industrialis*, et la nature est une source d'inquiétude pour les derniers sages.

D'autant qu'il est difficile aujourd'hui de former de jeunes chamanes pour prendre la relève. L'initiation dure plusieurs années et les apprentis doivent quitter leur famille, s'isoler dans la forêt et tout apprendre des plantes et des animaux. Vivre séparé du monde des humains est essentiel pour pouvoir comprendre la nature. Comme chez de nombreux autres peuples, l'initié doit frôler la mort pour devenir un pont entre le monde des humains et celui des esprits. Ainsi il sera en mesure de protéger son village contre les êtres malveillants. Sauf qu'aujourd'hui, les jeunes vont à l'école en ville, où ils doivent apprendre un métier et gagner de l'argent pour leur famille. Le vieux chamane de Saint-Laurent-du-Maroni n'a trouvé aucun successeur, aucun jeune n'a souhaité être initié et dans quelques années, ses connaissances pourraient disparaître avec lui. Pourtant, quand bien même ses savoirs se perdraient, il refuse de les enseigner aux jeunes qui n'ont pas été formés, car ses pouvoirs, explique-t-il, sont trop puissants et trop dangereux.

Avec le recul, j'aime penser que c'est grâce à ces derniers chamanes que les projets de Montagne d'or et de Total ne se sont pas réalisés. Ceux qui étaient venus piller la terre guyanaise n'y ont finalement trouvé que des déceptions. Je prends plaisir à imaginer que les sages se sont peut-être de nouveau réunis pour une cérémonie et que cette fois, le rituel a été conduit jusqu'à sa fin. Sinon comment expliquer que malgré tous ses savants calculs et son bateau dernier cri, Total n'a pas trouvé de gisement pétrolier et a dû rentrer bredouille ? Par quel sortilège le président de la collectivité de Guyane s'est-il retrouvé devant l'Assemblée des Nations unies en septembre 2019, pour clamer, dans un discours chevrotant, toute sa reconnaissance envers Emmanuel Macron pour avoir abandonné le projet Montagne d'or, après tant d'années de soutien inébranlable à la mine industrielle ? Il y a de nombreuses choses que je ne m'explique toujours pas.

En revanche, je comprends mieux maintenant les inquiétudes de ce chamane et le sermon reçu à Awala : pour être en mesure de protéger son village et son peuple, une bonne intention ne suffit pas. Il faut connaître et comprendre la nature. Apprendre le fonctionnement de notre planète est essentiel pour prendre conscience de la complexité du vivant, de la fragilité des équilibres planétaires, de la dépendance de nos sociétés humaines vis-à-vis de la santé de nos écosystèmes et donc de la nécessité impérieuse de protéger la nature. Il apparaît clairement en observant le cheminement des jeunes Amérindiens, progressivement assimilés à la société occidentale par le biais de la scolarisation et de la préparation au marché du travail, qu'ils vivent à leur tour, comme nous, une perte du lien avec le vivant. C'est donc tout simplement dans notre apprentissage que se situe la première lacune de notre initiation de gardien et de gardienne de la nature. La bonne nouvelle, c'est que ce point est certainement le plus simple à résoudre.

La question est peut-être de savoir simplement où commencer ? Quel est l'écosystème ou l'élément de la nature dont je voudrais être le gardien ou la gardienne ? Qu'il s'agisse d'une forêt ou d'un lac, le champ de connaissance nécessaire à la défense des intérêts de la nature ne sera pas le même. Par exemple, s'engager pour protéger la forêt et se mobiliser contre un projet minier tel que Montagne d'or implique de se former non seulement à comprendre le fonctionnement biologique des écosystèmes forestiers, mais aussi à appréhender l'ensemble des enjeux liés à l'industrie extractive : le modèle économique sous-jacent, les méthodes de production, les dangers et les impacts sur la nature. Cette démarche est à la portée de tous grâce à internet et au travail des associations écologistes qui rendent accessibles au « grand public » les connaissances sur le monde vivant. Car faire l'impasse sur la connaissance et la compréhension de la nature et s'engager « par principe » ou par colère, même s'il s'agit d'un comportement tout à fait légitime vu l'urgence actuelle, peut se révéler contre-productif. Pour ne pas prêter le flanc à la critique et risquer d'être discrédité, il est nécessaire d'avoir une vision claire de ce qui doit être protégé.

Pour cela, il est possible de s'inspirer des paroles des anciens de Guyane. Dans les villages d'Amazonie, le chamane est celui qui garantit la sécurité des habitants, car il connaît les plantes et les animaux, leurs interrelations et sait communiquer avec les esprits de la forêt pour assurer l'harmonie avec le monde des humains. L'apprentissage du fonctionnement des écosystèmes, inspiré de l'initiation chamanique, est ainsi un gage pour les gardiens et gardiennes de la nature de trouver une place et une mission essentielle au sein de notre société : c'est être garant d'un juste équilibre entre les différents intérêts de la communauté du vivant, dans le respect des besoins fondamentaux des citoyens.

Faire son Eputop et devenir adulte

Traditionnellement, pour devenir adulte et fonder une famille, chaque jeune fille et chaque jeune garçon amérindien doit savoir prendre soin de la terre et du fleuve pour en tirer sa subsistance. Les femmes plantent le manioc et s'occupent de la dure tâche d'entretenir l'*abattis*. Les hommes eux, collectent l'« arouman » (la canne d'Amazonie) et doivent maîtriser l'art de la vannerie pour tresser des tamis et des « couleuvres » (la presse à manioc traditionnelle). Cette organisation reflète la complémentarité et la reconnaissance du lien d'interdépendance entre les membres d'une communauté.

Au fil de mes voyages, j'ai observé de nombreuses fois cette collaboration et ce respect qui unit les individus et leur communauté. Chez les Wayampi du Haut Oyapock, par exemple, lorsque de gros animaux sont tués, la viande est entièrement partagée entre les familles et des repas collectifs sont organisés qui sont des moments de convivialité importants. L'échange et la réciprocité sont la clef de voûte du fonctionnement traditionnel des villages car chacun a conscience que ces valeurs permettent au collectif de bien vivre. C'est d'ailleurs de ces valeurs collectives que vient la tradition du *cachiri*. Cet alcool traditionnel dont j'ai fait l'expérience au village Bambou est partagé pendant les festivités, mais la coutume veut aussi que celui qui sollicite l'aide de la communauté pour réaliser des travaux fournisse nourriture et boisson à ceux qui lui portent assistance. De cette manière, là où notre société a remplacé l'entraide par des services monnayés, certaines cultures ont réussi à conserver des principes de réciprocité et d'échange. Ainsi, le bien-être de chacun ne dépend pas de sa richesse financière, mais de la solidarité au sein du groupe, un bienfait partagé à part égale entre tous les membres. C'est dans cette différence fondamentale entre nos sociétés individualistes et les sociétés traditionnelles amérindiennes que réside une explication de leur résilience.

Si les principes de complémentarité et de collaboration sont la base des relations interhumaines, j'ai également observé en Guyane que la réciprocité et le respect vont de pair dans la relation des hommes à la mère nourricière. Sur le fleuve Maroni, les Wayana fredonnent de magnifiques chants au moment des semis et de la cueillette afin de remercier la terre pour ses bienfaits. Par ailleurs, ce même respect vis-à-vis de la nature, se retrouve dans le rite de passage à l'âge adulte. À l'occasion de la cérémonie appelée le « *maraké* » ou l'« *eputop* », les jeunes sont soumis à une sorte de test. Ils doivent subir la morsure de la fourmi « balle de fusil », surnom donné à cet insecte en raison de la souffrance infligée par son poison quand elle entre en contact avec la peau. Pour préparer le rite de passage, les animaux sont endormis, puis tissés vivants dans une natte traditionnelle qui prend la forme des personnages de la mythologie wayana. Parmi ces entités légendaires, il y a notamment le « *mulokot* », un monstre aquatique à la forme de poisson, qui selon les récits des anciens, attirait les humains dans l'eau pour les tuer. Les fourmis utilisées pour le rituel, sont coincées par leur abdomen dans la natte, et sont ensuite appliquées délicatement sur le torse, les bras et les jambes des aspirants. L'initié doit surmonter cette épreuve sans montrer de signe de douleur, prouvant ainsi son courage et sa résistance. Elle est pratiquée pour consacrer le passage à l'âge adulte et endurcir les jeunes pour affronter les peines de la vie. Ce rite qui confronte les hommes aux forces de la nature, représentées par cette petite fourmi au dard effrayant et par la cosmologie amérindienne, peuplée de monstres aquatiques et d'animaux mythologiques de la forêt, me paraît symboliser l'humilité dont doivent faire preuve les humains vis-à-vis de la nature.

Si je raconte tout cela, ce n'est pas dans le but de faire l'éloge exotique de ces peuples d'Amazonie ou d'essayer de dépeindre un tableau paradisiaque d'une civilisation qui pourrait être le nouveau fétichisme des écologistes métropolitains, mais bien pour interroger notre relation à la nature, sa place dans notre imaginaire collectif et son rôle dans notre apprentissage. Y a-t-il de la place dans l'enseignement individualiste délivré aujourd'hui aux plus jeunes, pour apprendre à être, à la fois membre de la société humaine et de la communauté du vivant une fois adulte ?

Sans cet apprentissage préalable, il est facile de tomber dans l'écueil d'une écologie qui part d'un juste sentiment d'indignation et de colère contre un système prédateur, mais qui peine à dépasser le stade de la contestation moralisatrice, dépourvu de proposition alternative. Le fait de relever la tête, plutôt que d'accepter et de subir une situation est évidemment une première étape, et d'ailleurs pas nécessairement la plus simple étant donné l'éducation et le carcan d'une certaine uniformisation de la pensée, imposée par la société contemporaine. Mais cette révolte intérieure peut nous pousser à adopter des raisonnements binaires : pour ou contre. Pour ou contre un nouvel aéroport ? Pour ou contre manger de la viande ? Pour ou contre l'utilisation des énergies fossiles ? Cette logique peut se révéler être un véritable cul-de-sac.

Je suis la première à me remettre en question à ce sujet et je repense pour cela à notre campagne contre les forages pétroliers de Total en Guyane. Ce projet était une aberration climatique entièrement incompatible avec la protection de la biodiversité en raison des risques de marée noire. Ces deux motifs à eux seuls, justifiaient sans aucun doute notre opposition frontale à la réalisation de ces forages. Or de nos jours, les entreprises sont particulièrement attentives à leur image. Elles tentent de verdir leurs activités en donnant des gages de leur responsabilité écologique. Nous voulions dès lors que notre mobilisation puisse mettre à mal la réputation de Total en organisant un mouvement de boycott des stations-services pour obtenir l'abandon des forages pétroliers. S'opposer au projet en choisissant de ne pas consommer le carburant de cette compagnie nous apparaissait comme un acte citoyen et facile. Nous espérions ainsi fédérer une communauté de personnes engagées pour la défense du climat et nous faire entendre.

Claire et les autres militants du collectif Stop Pétrole Offshore Guyane ont organisé des actions de sensibilisation et d'appel au boycott aux abords des stations essence. De l'autre côté de l'Atlantique, je m'occupais d'obtenir des soutiens en passant par la plateforme I-boycott, spécialisée dans ce genre de mobilisation. Le résultat fut calamiteux. Les journalistes, en s'emparant de l'information, déformaient nos propos pour nous présenter comme de dangereux extrémistes écologistes prêts à mettre au chômage les innocents propriétaires de stations-services. Mon engagement personnel était directement critiqué : « C'est bien de se battre contre les forages de Total, mais elle est venue en Guyane en pirogue peut-être ? ». Nos détracteurs ne nous faisaient aucun cadeau. Vol interne pour rejoindre des communes de l'intérieur, pirogue à moteur pour remonter le fleuve, déplacement en voiture pour les réunions publiques… Comment être crédible dans cette situation où l'on est soit même, comme tout un chacun d'ailleurs, pris quotidiennement en otage par l'addiction aux énergies fossiles de ces compagnies climaticides ? La réalité guyanaise c'est qu'il existe une quinzaine de stations-services pour tout le territoire, dont la moitié appartient à Total, que le réseau de transports en commun est quasi inexistant et qu'il est impossible, vu la taille du département de troquer une voiture contre un vélo pour se déplacer. La Guyane est donc totalement dépendante des énergies fossiles vendues par la multinationale pétrolière. Et quand bien même les consommateurs se détourneraient de cette compagnie, BP, Shell et les autres sociétés concurrentes n'ont pas meilleure réputation.

Notre appel au boycott étant devenu inaudible, il a rapidement été retiré. Cet épisode m'a laissé un amer goût d'échec et j'ai commencé à ressentir un grand épuisement en tant que militante. Notre stratégie de campagne avait pris l'eau, notre procès contre Total était un échec et les conséquences pour la nature étaient immenses. Nous n'avions rien pu faire pour stopper les machines de forage et elles s'étaient lancées à l'assaut de la mer et des richesses du sous-sol. Je me suis sentie responsable, pas à la hauteur et c'est à ce moment-là que j'ai voulu tout arrêter. Car à force d'être dans une opposition frontale aux projets miniers qui nous tombaient dessus les uns après les autres, nous n'arrivions plus à prendre du recul. Nous avons fait les frais de cette logique binaire du « pour ou contre ». Viscéralement ancrés dans une position de combat, nous n'étions pas en mesure de nous projeter suffisamment dans l'avenir, pour construire quelque chose sur les braises de ces projets miniers avortés mais toujours chauds.

Cette douloureuse expérience a été mon rite initiatique, une étape qui, dans la souffrance m'a enseigné qu'il fallait être plus fort et plus sage pour faire face aux engagements de protéger la nature. Pour tous les gardiens et les gardiennes, ce passage à l'âge adulte induit une prise de conscience, plus au moins douloureuse, de la force nécessaire pour passer du militant qui s'en tient à une opposition de principe à chaque projet écocidaire pour devenir celui qui propose une solution alternative inscrite dans une vision globale. Cela peut venir d'une épreuve négative, comme une défaite dans mon cas, ou au contraire d'une expérience positive, comme l'ont certainement ressenti certains membres de la Convention citoyenne pour le climat suite à leur expérience collective hors du commun. Ce rite initiatique est là pour pousser toutes celles et ceux qui s'engagent dans cette voie à se fixer des objectifs extrêmement ambitieux dans leur plaidoyer. S'assurer d'avoir bien cerné tous les enjeux et identifié toutes les parties prenantes pour proposer une alternative complète au modèle de société combattu, cela peut avoir l'air parfaitement banal bien sûr, sauf que les exigences écologiques au niveau planétaire qui doivent être les nôtres aujourd'hui rendent la chose tout sauf facile. Être un gardien ou gardienne implique d'être en mesure d'expliquer clairement ce que l'on refuse mais également ce que l'on protège ou ce que l'on souhaite construire comme société compatible avec les droits de la nature. Il s'agit d'imaginer un modèle de société intégrant les limites planétaires et la préservation des intérêts des écosystèmes, tout en garantissant les droits fondamentaux des êtres humains.

Prendre à la terre, rendre à la terre

Chaque peuple a dans son rapport à la nature une part de son héritage historique et culturel. Dans la cosmogonie andine sud-américaine, la *Pachamama* (Terre-Mère) prodigue aux hommes, des soins et de la nourriture. Mais elle peut également être une force destructrice, à la fois crainte et vénérée. Pour les peuples autochtones de Nouvelle-Zélande, le rapport à la nature relève d'une identification directe, exprimée dans l'adage « Je suis la rivière et la rivière c'est moi ». La culture occidentale quant à elle a construit une relation ambiguë à la nature, influencée par le philosophe Descartes et son injonction à « nous rendre comme maîtres et possesseurs de la nature » grâce à l'essor de la science. Les textes sacrés du christianisme avaient néanmoins, selon la lecture que l'on veut en faire et selon les passages choisis, établi un récit nettement moins dominateur, comme le montre la lecture de l'Ancien Testament, dans lequel l'homme et la femme, chassés du jardin d'abondance doivent lutter et souffrir pour cultiver la terre et en extraire à la sueur de leur front, leur pain quotidien. « Car poussière tu es et à la poussière tu retourneras » rappelle le livre de la Genèse à Adam, le premier homme. Une expression qui rappelle que notre condition humaine ne nous sépare qu'un bref instant de la matrice terrestre.

Ces différentes conceptions de la relation à la terre ont des origines et des expressions fondamentalement différentes mais elles illustrent le principe d'interdépendance des humains avec la nature. Ces grandes religions ou cultures ont transmis des règles ordonnant la société. Elles ont bâti des systèmes de valeurs organisant les relations des humains entre eux, mais également les relations avec les éléments de la nature ainsi qu'éventuellement certains esprits.

Mais la conscience de notre interdépendance avec la nature semble s'être progressivement érodée en Occident à mesure que les inventions humaines ont permis de maîtriser les écosystèmes. Les compagnies minières ont réussi à décapiter des montagnes et à creuser des carrières à ciel ouvert à coup d'explosifs. Les pêcheurs se sont armés d'immenses chalutiers capables de capturer dans leurs filets aveugles des bancs de plusieurs tonnes de poissons. Les exploitants de bois équipés de scies mécaniques, mettent à terre et élaguent comme de vulgaires allumettes, des arbres centenaires en quelques minutes. Les éleveurs se sont dotés d'installations dernier cri, pour produire, engraisser et tuer dans le but de produire de la viande. Environ 150 milliards d'animaux sont ainsi abattus chaque année.

L'humain, une espèce parmi tant d'autres à son apparition sur Terre, s'est progressivement imposé comme le plus grand prédateur du vivant. Pour décrire cette civilisation mortifère, des chercheurs, comme Anna Bednik, ont étudié ses mécanismes reposant sur l'extraction massive de « ressources naturelles » à des fins économiques. C'est ainsi qu'est apparu le terme d'« extractivisme », le suffixe – isme renvoyant – comme « capitalisme » ou « consumérisme » – à une idéologie prônant le pillage de la terre.

En Guyane française et ailleurs, il s'agit de pratiques souvent néocoloniales, profitant aux entreprises minières et fondées sur l'exploitation outrancière, avilissante et destructrice de la Terre, aux dépens des habitants, autochtones ou non autochtones. Partout où elles tentent de s'implanter, les multinationales minières distillent à l'oreille de qui veut bien les écouter, le dogme erroné et dépassé selon lequel les mines sont un levier d'émancipation des peuples et des territoires. La clef pour le développement économique et le bien-être des populations. Pourtant l'histoire de l'Amérique du Sud ou de l'Afrique est un long témoignage réfutant cette théorie absurde. Gaspillage d'argent public pour la construction d'infrastructures dédiées, exploitation minière court-termiste, emplois éphémères et dangereux, épuisement de richesses non renouvelables, retombées fiscales extrêmement faibles, destruction définitive d'habitats, appauvrissement de la biodiversité, pollutions pour des siècles et accélération du réchauffement climatique… En Guyane française, le leurre de l'industrie minière laisse miroiter l'afflux d'argent facile tiré du sol, mais en réalité, le taux d'imposition locale (environ 2 %) ne permet pas au territoire d'obtenir une juste part des richesses de son sous-sol. Comme le disent si bien les membres du mouvement des 500 frères, avec l'implantation des multinationales extractivistes, il ne restera aux Guyanais « que les miettes », et un territoire pollué, dépouillé, dont les générations futures ne pourront plus vivre. Après avoir été extrait du sous-sol de Guyane, l'or retournera probablement sous terre, pour y rejoindre les stocks cachés dans les coffres-forts des banques. Un comble. Cette logique extractiviste nous engage dans une voie de destruction insensée : prendre à la terre, toujours plus, jusqu'au dernier gramme de métal, jusqu'à la dernière goutte d'hydrocarbure.

Au cours de mes voyages en Guyane et ailleurs, j'ai visité des mines d'or, de phosphate, de soufre. J'ai vu les machines titanesques inventées par l'extraordinaire génie humain dévoyé pour racler, creuser, forer la terre, la décaper et la broyer. Partout où les compagnies minières se sont installées, la nature a été détruite et transformée en un champ de ruines. J'ai marché sur les entrailles d'une terre à nu, éventrée et souillée par l'*Homo industrialis*. J'ai rencontré ceux qui vivent de cette exploitation de la terre et j'ai constaté leur indifférence, voire même leur cynisme.

Sauf que cela n'a pas toujours été ainsi. Nos civilisations n'ont pas toujours pratiqué cette exploitation violente et boulimique du vivant. Certaines cultures avaient instauré des garde-fous bien plus puissants contre ceux qui viendraient à déstabiliser dangereusement le fonctionnement des écosystèmes. En Guyane, durant les mobilisations contre le projet Montagne d'or, les représentants amérindiens kali'na nous avaient notamment enseigné que selon leur coutume, il était interdit de creuser le sol pour en extraire de l'or. Ouvrir la terre, c'est prendre le risque de réveiller les problèmes du passé enterrés par les anciens, et cette règle ne devrait pas être enfreinte sauf pour trouver de l'eau ou inhumer les morts. Cela peut sembler contradictoire avec les récits des premiers colons qui décrivent des Amérindiens portant de magnifiques parures, des plastrons d'or ou des bijoux faits de pépites. Mais ces ornements étaient réalisés à partir de trouvailles collectées dans le lit des fleuves. Des historiens colonialistes comme Léon Bassières, expliquent, avec un discours teinté de racisme propre à l'époque, l'absence de mines exploitées par les Amérindiens en raison de leur caractère « fainéant par nature et par tempérament[2] ». En réalité, la coutume locale laisse au contraire penser que cela est lié à l'égard des Premières

2. Léon Bassières, *La Guyane aurifère ou « La poule aux œufs d'or »*, 1936.

Nations pour l'intégrité de la terre et leur respect des traditions ancestrales.

Les peuples d'Amazonie ne sont pas les seuls à avoir instauré ce type de règles. J'ai observé une philosophie similaire au Maroc, où des ingénieurs de l'association Systext m'ont formée au fonctionnement des mines. Traditionnellement, la vie des tribus berbères et arabes était organisée soit de manière nomade, au rythme du pastoralisme, soit de manière sédentaire, autour des cultures familiales. Durant la période du Protectorat (1912-1956), de grandes exploitations minières se sont installées autour des gisements détenus par les Européens, notamment les Français. Mais dans les villages reculés, la vente des minéraux et des pierres précieuses ne s'est développée que sur le tard, au moment de l'arrivée des premiers touristes occidentaux en quête de souvenirs brillants à rapporter de leurs excursions dans ces régions désertiques au pied de l'Atlas. Car même si les habitants prélevaient déjà certains minéraux du sous-sol, leurs croyances ancestrales limitaient fortement cette activité. Le fait de prendre les richesses de la terre et ne rien rendre en retour était considéré comme apportant la malchance. Ces peuples réalisaient donc systématiquement une offrande vivante, un poulet ou une chèvre, dont le sang était versé sur le sol avant de le creuser pour en extraire des pierres. Selon les coutumes locales, ce qui est dans le sol n'appartient pas aux humains. Il faut faire attention à ne pas s'attirer le mauvais œil en provoquant des esprits, des djinns, créatures tantôt bonnes tantôt mauvaises qui peuplent le désert. Cette perception du monde et le mode de vie traditionnel ont été profondément déstructurés par le commerce des pierres. Aujourd'hui, ce travail est devenu un commerce de subsistance, ou plutôt de survivance dans de nombreux villages. Les chercheurs de pierres peuvent louer une parcelle de terre à la semaine dans l'espoir de trouver une belle pièce, qu'ils pourront revendre, soit aux touristes de passage, soit aux semi-grossistes qui approvisionnent le marché européen. Je suis allée voir ces exploitations. Dans les petits hameaux de la région de Marrakech, la recherche des améthystes par exemple, se fait encore de manière artisanale. Parfois, c'est toute la famille qui descend dans les trous creusés à flanc de colline, sans protection et sans certitude d'y trouver de quoi vivre. Dans ces magnifiques paysages jaunes et ocres, les galeries des mines forment de profonds trous autour desquels sont rejetés les cailloux excavés, ressemblant à des impacts d'obus sur les flancs des montagnes. La relation à la nature a beaucoup changé ici aussi. Sûrement que les histoires de djinns ne font plus peur à personne.

Je crois que la spiritualité et les coutumes ancestrales de ces peuples, sont l'expression d'une sagesse dans le rapport à la terre. Le principe de base : la réciprocité. Car celui qui entend tirer ses ressources du sol doit savoir en prendre soin s'il veut obtenir une bonne récolte, subvenir aux besoins de sa famille et de son village, tout en assurant le cycle de la vie. Dans les territoires où les conditions sont les plus extrêmes, l'homme n'a survécu qu'en s'adaptant au fonctionnement de la nature, et non en la combattant. Comme l'agriculteur amérindien Franck Nenesse, qui combine les vertus du charbon et les plantes fixatrices d'azote sur son *abattis*, le paysan de l'oasis du désert marocain doit savoir économiser l'eau et maîtriser les techniques de plantations sur trois étages pour empêcher le soleil et le sable de détruire ses récoltes. Le lien d'interdépendance entre l'humain et la nature repose sur cet équilibre, entre ce qui est pris à la terre et les soins qui lui sont prodigués en retour.

Mais le modèle extractiviste qui, au contraire, arrache du sol des matières premières non renouvelables, contamine la terre avec des produits chimiques, épuise les océans en surexploitant la nature sans respecter ses cycles vitaux, ce modèle qui « prend à la terre sans rendre à la terre » porte ainsi atteinte au fonctionnement biologique de notre planète. Au final, les coutumes ancestrales qui posent des interdits, évitant ainsi de franchir le seuil de l'atteinte irréparable aux écosystèmes, sont l'expression d'un savoir bien plus approfondi que les applications de nos connaissances scientifiques les plus pointues et la multiplication de nos lois dites modernes qui montrent aujourd'hui leur incapacité à faire face à l'effondrement du vivant. Plutôt que de conclure que les peuples premiers vivaient en harmonie avec la nature, raccourci très romantique, il serait plus correct de dire que leurs cultures ancestrales avaient, pour chaque habitat, intégré le fonctionnement des écosystèmes et défini des règles de vivre ensemble incluant humains et non-humains.

Qu'elles soient appelées coutumes, croyances ou sagesses, ces lois que je qualifierais de naturelles ont été adaptées à chaque territoire, permettant d'établir des modes de gouvernance résilients car élaborés au plus près des habitants, en adéquation avec la réalité de terrain.

Le rôle du gardien ou de la gardienne de la nature est donc de rappeler et promouvoir ce lien de réciprocité qui doit assurer un équilibre entre le bien-être des humains et le bon fonctionnement du cycle vital des écosystèmes. Pour le territoire dont il a la garde, il doit dans un premier temps établir l'impact sur l'habitat de toute activité pour pouvoir déterminer si celui-ci peut être diminué, et dans un deuxième temps comprendre comment « rendre à la terre » sa part pour les bienfaits dont la société bénéficie. Il ne s'agit pas d'une froide comptabilité mais bien au contraire d'un processus de compréhension et surtout de responsabilisation émancipateur.

Comment défendre cette réciprocité en pratique ? Par exemple, vous êtes-vous déjà posé la question avant de lire ce livre, d'où vient l'or des bijoux que vous portez autour du cou, à votre doigt ou à vos oreilles ? Peut-être vient-il de Guyane ? La plupart d'entre nous ne se sont jamais posé la question et pour cause : comment savoir puisque la provenance de l'or n'est jamais indiquée sur vos achats ? L'information du public sur les débouchés et les impacts de l'industrie minière est une mission centrale des membres du collectif Or de question pour convaincre plus de personnes de s'opposer au développement du secteur de la mine industrielle en Guyane. En effet, selon le World Gold Council, 57 % de l'or extrait sur la planète est destiné à la bijouterie, 35 % à produire des pièces de monnaie ou des lingots et à remplir les réserves des banques et seulement 8 % sert à l'industrie électronique et à la dentisterie. La thèse selon laquelle, notre société aurait un besoin vital d'or pour produire les téléphones portables et autres équipements technologiques auxquels le monde occidental est désormais accro, est donc très éloignée de la réalité. Si le sous-sol de l'Amazonie guyanaise est convoité par de nombreux acteurs, c'est uniquement en raison de la valeur que nous, humains, par le jeu de l'offre et la demande avons donné à ce métal considéré comme une « valeur refuge ». Si seulement la santé de la nature pouvait devenir notre valeur refuge universelle…

L'humanité a d'ores et déjà extrait plus de deux tiers des ressources en or présentes sur la planète et les spécialistes prévoient l'épuisement des gisements aurifères d'ici vingt ans. Il est donc évident que nous devons envisager de recycler l'or déjà en notre possession pour assurer nos besoins essentiels. Par exemple, alors que sur le site de Montagne d'or, la compagnie minière annonce pouvoir extraire 1,6 gramme d'or par tonne de roche broyée, en comparaison, une tonne de téléphone portable en contient 200 grammes, soit 125 fois plus !

La mise en place de démarches de recyclage permettra donc de sortir de l'extractivisme à tout va, idéologie qui conduit à la pénurie. De cette manière, il sera possible de préserver la terre tout en assurant les besoins de notre société sans pour autant retourner à la lampe à l'huile comme le dirait M. le Président de la République. Le collectif Or de question a d'ailleurs, avec l'aide de scientifiques engagés comme Marie Fleury, ethnobotaniste et présidente du Conseil scientifique du Parc amazonien de Guyane, mis en évidence des filières d'avenir : l'agroforesterie, l'économie du savoir et de la recherche, de la santé, du tourisme durable, et de nombreux autres secteurs dont l'émergence et la consolidation dépendent de notre capacité à protéger les écosystèmes amazoniens. Ce sont de beaux exemples de promotion d'une relation de réciprocité entre l'homme et la nature.

Être gardien ou gardienne de la nature c'est intégrer cette curiosité environnementale à son quotidien afin d'évaluer en la quantifiant l'empreinte de sa consommation sur notre planète. Une réflexion analogue est en train d'émerger dans le domaine de la santé grâce à l'utilisation d'étiquetages comme le « nutriscore » ou l'engouement autour d'applications comme Yuka, un logiciel qui donne des informations sur l'impact de certains produits sur votre corps. Une prise de conscience est en cours. Mais ces démarches individuelles doivent aller plus loin. Si prendre soin de sa santé est une première étape importante, la seconde est de s'impliquer pour la santé de notre planète ; du fait de notre interdépendance, il n'y a pas d'humains en bonne santé sur une planète malade. Il s'agit donc pour les gardiens et gardiennes de la nature de s'engager pour préserver et lorsque c'est possible, bonifier l'état des écosystèmes par leurs actions.

Établir nos protocoles de consultation

Février 2018. Manga, municipalité d'Oiapoque, Brésil. Les membres du collectif Or de question ont été invités à participer à un séminaire transnational sur les luttes autochtones contre les projets miniers. La rencontre se tient à la frontière avec la Guyane, dans l'État fédéré de l'Amapá. C'est un territoire peu peuplé où les conditions de vie sont difficiles.

Aussi, beaucoup de jeunes traversent le fleuve Oyapock qui sépare le Brésil de la Guyane pour y chercher du travail. Ils se font un peu d'argent en tant que travailleurs journaliers sur le fleuve, comme conducteurs de pirogues. D'autres s'enfoncent dans la forêt, deviennent *garimpeiros*, chercheurs d'or clandestins, ou rejoignent les villes à la recherche de petits boulots.

Passer le fleuve frontière pour rejoindre le Brésil, c'est être projeté dans une autre Amazonie, celle des villes de pêcheurs sur pilotis, des idoles bariolées, le royaume des évangéliques et des stars du foot. Pour rejoindre le village de Manga, en territoire autochtone, nous suivons la route qui relie Oiapoque à Macapa, la capitale de l'État de l'Amapá. Au bout d'une vingtaine de minutes à peine, le bitume devient une piste rouge et les réseaux téléphoniques et internet disparaissent. Au village, les rares édifices en béton sont le dispensaire, le centre évangélique et le petit bâtiment du port qui sert également de marché car les denrées y affluent pour être transportées vers d'autres villages par un vieux bateau qui fait les liaisons sur la rivière Curipi.

Nous installons nos hamacs en hâte et rejoignons la maison communautaire. Les visiteurs sont nombreux. Des *caciques*[3] des peuples Karipuna, Galibi Marworno, Galibi Kali'na, Palikur et Wayana sont rassemblés pour échanger sur les combats contre les projets miniers qui menacent leur territoire. Cette rencontre est organisée par le padre Nello Ruffaldi, père de l'église évangélique très impliqué dans la défense de la nature et des droits des peuples autochtones. Alexis Tiouka est là, avec Marie Fleury, Nora Stevenson, Michel Dubouillé et Éléonore Johannes du collectif Or de question. Nous faisons la connaissance des représentants amérindiens du Brésil et du

3. Les chefs amérindiens.

Suriname qui rencontrent des problèmes très similaires aux nôtres. Comme en Guyane, Total envisage de forer au large des côtes brésiliennes, dans le récif de l'Amazone. De plus, le gouvernement de Michel Temer annonce son intention de laisser les compagnies privées exploiter des mines dans la Réserve nationale de cuivre et associés (Renca). Ces richesses sont restées pratiquement inexploitées jusqu'à présent, car la réglementation de la réserve limite cette activité aux seules entreprises publiques.

Les représentants du Brésil et du Suriname observent eux aussi que les projets miniers provoquent des déséquilibres sociaux et écologiques, notamment sur le climat et la pêche, ainsi que l'augmentation de la violence, la prostitution, la pauvreté et le trafic d'armes. Face à ce modèle extractiviste mortifère, ils constatent qu'il est nécessaire de renforcer les alternatives économiques locales qui valorisent les connaissances et les pratiques traditionnelles et respectent la biodiversité. C'est pourquoi, les membres des organisations rassemblées à Manga souhaitent créer un réseau afin de se soutenir mutuellement dans nos luttes respectives et d'obtenir que les États procèdent à la démarcation des terres autochtones au Brésil, au Suriname et en Guyane française.

C'est dans ces circonstances que je rencontre un cacique karipuna, peuple issu de métissages entre les familles amérindiennes de l'Amapá et d'autres peuples autrefois réfugiés dans la région pour échapper aux colons portugais. Il m'explique que pour faire face aux projets miniers dans leur région, les villageois ont commencé la rédaction de leur propre protocole de consultation. En effet, les peuples autochtones, lorsqu'ils sont ressortissants d'un État membre de la Convention 169 de l'OIT, comme le Brésil, bénéficient officiellement du principe de consentement libre, préalable et éclairé. Cela implique que dans les réserves amérindiennes, la réalisation de tout projet industriel qui peut affecter ses habitants ou leur territoire doit faire l'objet d'un accord collectif obtenu sans manœuvre de coercition ou de manipulation, en connaissance de cause, et suffisamment en amont de sa réalisation. L'application de ce principe présente des zones d'ombres car il n'en existe pas de définition explicite dans la loi. De plus, pour le gouvernement, le fait que les peuples autochtones aient le droit de consentir aux projets réalisés sur leur territoire ne signifie pas leur attribuer un droit de veto ! Dans certains cas emblématiques de projets de développement comme celui du barrage géant de Belo Monte, le président Lula et sa successeure Dilma Rousseff ont ainsi clairement bafoué ce droit fondamental en passant outre les mobilisations contre le projet. En réaction à ces violations répétées des engagements internationaux, des peuples autochtones ont décidé dès 2014, d'élaborer leurs propres règles publiées sous la forme de protocoles de consultation. Ces protocoles, rédigés par les différents peuples formalisent la manière adéquate d'organiser un processus de consultation en vue de la réalisation d'un projet en territoire autochtone. Ils ont pour ambition de contraindre l'État à respecter les coutumes, les traditions et les usages propres à chaque nation amérindienne.

Parmi les protocoles de consultation qui ont marqué une étape importante dans ce processus de revendication autochtone, figure celui des Munduruku, un peuple vivant dans les États du nord-ouest du Brésil confronté à un projet de méga-barrage hydroélectrique sur le fleuve Tapajos. Dans ce document de 2014, les Munduruku précisent qui doit être consulté, comment doit se dérouler la consultation et de quelle manière ils prennent leur décision. Le texte traduit en français par le GITPA[4] énonce que « doivent être consultés nos sages anciens, nos *pajés* (chamanes), ceux qui savent conter les histoires, qui connaissent les médecines traditionnelles, les

4. Groupe international de travail pour les peuples autochtones.

végétaux, ceux qui connaissent nos lieux sacrés ». Il ajoute également l'obligation de solliciter les femmes chamanes, les sages-femmes et les artisanes, car elles entretiennent les plantations, préparent la nourriture, fabriquent des remèdes et possèdent beaucoup de connaissances traditionnelles. Le texte précise également que « les jeunes et les enfants doivent être consultés parce qu'ils sont la génération du futur ». Ce très beau texte empreint de sagesse ancestrale montre que pour les Munduruku, tous les individus sont légitimes pour se prononcer. Chaque membre de la nation autochtone est pris en considération avec ses particularités. Grâce à cette complémentarité, ils forment un corps social. Dans leur protocole, les auteurs soulignent : « Notre savoir doit être pris en considération au même titre que celui des *Pariwat* (non Indiens) parce que c'est nous qui connaissons les rivières, les forêts, les poissons et la terre ». Cette connaissance des éléments de la nature est un élément central qui fait des peuples autochtones les gardiens et gardiennes des équilibres du vivant, rivalisant avec la technologie du monde occidental, dont les applications sans conscience, pour paraphraser Rabelais, aboutissent à la destruction du vivant.

Les Munduruku ont tiré les enseignements du passé : « Quand des membres du gouvernement fédéral veulent consulter notre village, ils ne doivent pas arriver sur la piste d'atterrissage, rester une journée et s'en aller. Ils doivent rester patiemment avec nous, vivre avec nous, manger notre nourriture, écouter nos conversations. Ils ne doivent pas avoir peur de nous. S'ils veulent proposer quelque chose qui affecte nos vies, ils doivent venir dans nos maisons ». Ces nouvelles règles énoncent un changement de dynamique dans la relation entre les peuples autochtones et les hommes politiques ou les dirigeants d'entreprises. Après des centaines d'années de colonisation, le protocole entend rééquilibrer les négociations et fait de la culture et du mode de vie autochtone une fierté et un atout pour défendre le droit à l'autodétermination de ce peuple.

À la suite de la rédaction de ce texte et à l'importante mobilisation contre le projet de barrage géant, celui-ci a été abandonné, épargnant ainsi les terres ancestrales amérindiennes et le fleuve sacré Tapajos. Une belle victoire pour les Munduruku. Ce protocole de consultation illustre à la fois l'espoir que suscite le fait de redéfinir les règles du jeu, ne pas se limiter aux procédures écrites par ceux qui veulent protéger leurs intérêts économiques au détriment de l'intérêt général, et enfin se doter de mécanismes efficaces pour tenir tête aux projets qui menacent la nature. Ainsi s'installe un nouveau rapport de force, résultat de la volonté d'autodétermination des nations amérindiennes sur leur territoire et de leur résistance face aux velléités du monde occidental d'imposer sa vision d'un développement conduisant à la destruction des écosystèmes.

En Guyane, je crois que nous avons également réussi à réécrire les règles, d'une certaine manière. Non seulement, le mauvais numéro de greenwashing de la compagnie Montagne d'or a été complètement bousculé par nos manifestations massives mais le succès de notre mobilisation a avant tout reposé sur la puissance de la complémentarité de nos messages. Les membres du collectif Or de Question, s'appuyant sur les connaissances de la science occidentale et du dossier technique du projet Montagne d'or, en ont dénoncé les impacts inacceptables pour les écosystèmes et la santé des habitants de Guyane. Grâce à une analyse technique poussée, un éclairage honnête et pointu des enjeux, des risques et des dangers de la mine, nous avons fait le choix d'assurer une contre-expertise et de garantir des échanges contradictoires avec les porteurs du projet. À nos côtés, une autre stratégie, celle de la Jeunesse autochtone. Leur discours empreint de la sagesse des anciens, est quant à lui, un appel au respect des droits des Premières Nations et de leurs terres sacrées. Les leaders amérindiens rappellent l'histoire de ce territoire et mettent à l'honneur les femmes, pour leur rôle dans le processus de la vie. Leur message est d'une puissance inouïe car il fait résonner en nous l'amour pour la nature et la fierté de défendre la vie. Les chefs ont réussi à discréditer les dirigeants de la compagnie minière en les invitant à venir présenter leur projet au village Pierre, leur absence prouvant leur ignorance des droits des peuples autochtones. Inversant le rapport de force, nos voix se sont jointes, complémentaires et parmi toutes les personnes engagées à nos côtés, chacun à sa façon et dans le respect des autres, a pu remplir son rôle de gardien ou gardienne de la nature.

Inspirés par les mouvements autochtones du Brésil, ne devrions-nous pas nous interroger sur nos procédures de consultation du public en France ? Qui est véritablement représenté au moment de l'installation de projets industriels ? Qui a réellement voix au chapitre ? Qui est oublié ? Qui prend la décision ? Qui a la responsabilité de parler pour la terre et pour l'eau ? Qui dans notre société pourrait représenter les intérêts de la nature ?

Je m'interroge notamment sur les leçons à tirer de l'enquête publique sur les forages Total au large de la Guyane, dont le permis a été donné par l'Administration malgré les 99 % d'avis négatifs transmis au commissaire enquêteur. N'aurait-il pas fallu reconnaître dans cette situation, l'expression d'un veto citoyen ? Si les avis des institutions scientifiques sont ignorés, que les services de l'État sont transformés en chambre d'enregistrement, que l'Administration passe outre la volonté des citoyens et l'intérêt général, alors nous devons en urgence reprendre le contrôle. Or, les processus de consultation donnent le désagréable sentiment de n'être qu'une étape bureaucratique dont le seul objectif est de légitimer un projet que bien souvent les premiers concernés n'ont pas voulu. Progressivement, la confiance dans notre modèle s'est épuisée, car aujourd'hui ces simulacres de démocratie ne trompent plus personne. Lorsque l'Administration a décidé la réalisation d'un grand projet, qui écoute encore l'expression du peuple, le bon sens des anciens et le cri du cœur des jeunes générations futures ?

Parce que les institutions censées garantir l'intégrité et la sécurité de notre territoire ont démontré leur incapacité à prendre des mesures efficaces pour faire face aux projets qui portent atteinte au vivant, il faut inventer de nouveaux modèles de décision qui, grâce à la voix des gardiens et gardiennes de la nature, puisse garantir que les intérêts des écosystèmes sont respectés. Certains voient déjà le jour.

L'exemple de la Convention citoyenne pour le climat est emblématique de ces processus inédits qui émergent en temps de crise pour instaurer un mode de décision qui redéfinit la relation entre les citoyens et ceux qui les gouvernent. L'assemblée constituée de citoyens tirés au sort pour représenter la France en miniature est finalement bien plus représentative de la société dans laquelle nous vivons que les députés rassemblés dans l'hémicycle. En effet, selon l'Observatoire des inégalités, « employés et ouvriers représentent la moitié de la population active et comptent pour dix fois moins parmi les députés », soit 4,6 % des élus. Les places sont majoritairement pourvues par des cadres supérieurs alors même qu'ils ne représentent que 9,3 % de la population. Est-il crédible, dans cette situation, de parler de démocratie représentative ? Les propositions portées par la Convention citoyenne pour le climat montrent que chaque membre de notre société est en capacité de participer à l'émergence de propositions pour protéger l'équilibre écologique tout en préservant la justice sociale. Malgré les diversités d'opinion politique, de milieu social, d'âge et de formation, il est possible de trouver collectivement un consensus quant aux décisions à prendre pour protéger les communs.

Sous la pression de la société, Emmanuel Macron l'a d'ailleurs compris et il met en place des procédures de consultation.

Mais la réaction du gouvernement aux mesures proposées par la Convention citoyenne pour le climat illustre bien à quel point ceux qui nous dirigent ne peuvent en réalité concevoir le partage du pouvoir avec les citoyens et le renouveau des modes de décision. Au lancement du processus, le Président de la République promettait qu'il reprendrait les propositions adoptées « telles quelles » et qu'il s'engageait à les transférer « sans filtre » pour un vote au parlement. Cette annonce avait eu pour effet de responsabiliser les participants, conscients de l'importance du rôle qui leur était confié. Cela impliquait que les conclusions de leur travail ne seraient pas modifiées avant d'être soumises au Parlement. Mais en décembre 2020, après lecture des propositions de la Convention citoyenne, Emmanuel Macron est revenu sur ses engagements. « Ce "sans filtre" ne peut être une substitution au rôle qui est légitime et qui est celui du gouvernement dans notre constitution. Celui du législateur, qui est une assemblée de citoyens qui a pour mandat de représenter le peuple. » Ce positionnement quant au rôle du pouvoir exécutif et législatif et à la séparation des pouvoir est un arrangement bien opportuniste avec la réalité. Tout d'abord, il était tout à fait envisageable que le gouvernement fasse siennes les propositions de la Convention citoyenne en compilant telles quelles les mesures déjà rédigées dans un projet de loi. En effet, la définition du crime d'écocide, pour reprendre notre cas, a été travaillée et retravaillée. Les services des ministères de la Justice et de la Transition écologique ont été informés de l'évolution des discussions à ce sujet et de l'ensemble de propositions d'articles de loi. Mais ils ont refusé notre travail, sans fournir une seule explication aux membres de la Convention. Le Président de la République affirme : « J'ai eu le sentiment dans le débat public ou les commentaires, que l'idée de discuter des propositions, d'y travailler, d'être dans un débat sur la faisabilité, la nature la manière de l'écrire, était une remise en cause du "sans filtre", je veux plaider le contraire ». Quand j'entends ces propos, je suis effarée par la dissonance entre la réalité et la fiction inventée par le gouvernement pour faire croire à une collaboration entre les citoyens et le gouvernement. D'ailleurs, si la promesse d'un transfert sans filtre au Parlement avait été tenue, cela n'aurait pas signifié que le gouvernement perdait la main sur le projet de loi. Au contraire ! Le gouvernement dispose de la majorité à l'Assemblée nationale. Il lui suffit de déposer des amendements au texte par la suite et de les faire voter par ses députés, comme il en a l'habitude depuis le début de cette mandature. Les modifications du gouvernement auraient été reprises comme un seul homme par le groupe de La République en marche dont l'attitude des élus réduisent à peau de chagrin la séparation des pouvoirs.

Détricotage des mesures citoyennes par le gouvernement : à force de renoncements, l'objectif de réduction des émissions de gaz à effet de serre de 40 % s'est rapidement éloigné et nos chances de respecter l'accord de Paris se sont amenuisées d'autant par la même occasion.

Ceci n'est qu'un aperçu de la carence de l'État dans la protection des équilibres de la nature et de l'intérêt général. Il serait effectivement naïf d'attendre de ceux qui nous gouvernent qu'ils changent les règles qui les maintiennent en place. Mais, au niveau local, nous pouvons décider de reprendre les rênes du processus de décision, en désobéissant avec créativité. Au lieu de déserter les enquêtes publiques, nous pouvons nous réunir au niveau local pour écrire ensemble des protocoles de consultation. Ainsi nous pourrons dire : « voici la manière dont nous voulons être consultés désormais », tout en nous dotant de mécanismes efficaces pour tenir tête aux prochains projets susceptibles d'impacter nos territoires et nos droits. Nous pouvons prendre les devants sur les pouvoirs politiques et nous organiser en conventions citoyennes locales pour dire « voici la manière dont nous voulons agir désormais ». Il ne fait aucun doute que ces initiatives en inspireront d'autres. Face à l'urgence écologique, décider de notre destin dépendra de notre capacité à reprendre le contrôle sur la protection du vivant.

Devenir gardien ou gardienne, transcender le statut de citoyen

24 décembre 2020. La nouvelle tombe à Noël. Le tribunal administratif de Cayenne condamne l'État à prolonger les concessions minières de la compagnie Montagne d'or en Guyane. La date est bien choisie pour prendre de court les associations et éviter un tollé dans les médias, trop absorbés par les fêtes de fin d'année et la crise sanitaire de la Covid-19. Pour les militants du collectif Or de question, c'est une colère froide qui monte depuis des semaines : l'État ne s'est même pas fait représenter à l'audience pour défendre son point de vue dans ce dossier. Depuis mai 2019, date à laquelle Emmanuel Macron a annoncé l'abandon du projet, la vérité est qu'aucune mesure concrète n'a été adoptée pour mettre un terme aux prétentions d'exploitation de la compagnie minière. L'Administration, au lieu de refuser une bonne fois pour toute la demande de prolongation de la concession (le titre qui confère à son titulaire un droit d'exclusivité pour l'exploitation sur un terrain), a gardé le silence. Un silence tellement long, qu'il équivaut à un rejet de la démarche entamée par Montagne d'or, qui s'est tournée logiquement vers la justice pour obtenir une réponse à sa demande. Alors que les arguments contre le projet minier ont été de longue date évoqués avec les services ministériels, le rapporteur public a pointé du doigt lors de l'audience qui s'est tenue le 3 décembre, la « faiblesse » et l'absence de « pertinence » des arguments de

l'État qui n'a « produit aucune pièce justificative pour appuyer ses allégations au cours de l'instruction[5] ». Une carence dans la défense étatique qui laisse penser, qu'une fois de plus, que le gouvernement joue un double jeu. Dans sa décision, le tribunal administratif de Cayenne a annulé le rejet « implicite » de la demande de prolongation des concessions détenues par la compagnie Montagne d'or et a ordonné à l'État de lui délivrer les titres dans un délai de six mois.

Pourtant, dans sa stratégie du « en même temps », le Président de la République en direct sur le média BRUT pérore encore le 4 décembre devant des millions de Français sur le bilan de son gouvernement en matière écologique. « On a arrêté des projets que tout le monde laissait traîner et ne voulait pas arrêter, Notre-Dame-des-Landes, Montagne d'or [...] Donc moi, je n'ai pas de leçons à recevoir » se défend-il sur un ton impétueux. Mais voilà, la réalité est souvent bien différente de ces déclarations. « En même temps », le gouvernement a laissé traîner volontairement le dossier Montagne d'or, s'abstenant de refuser une bonne fois pour toute la demande de prolongation. Puis, jouant le jeu de la chaise vide à l'occasion du procès intenté par l'industriel, il n'a pas défendu sa position pour mettre un terme au projet comme annoncé, au contraire, il a laissé la justice faire le travail à sa place pour ne pas se dédire devant l'opinion publique et protéger les compagnies minières.

Pour nous, les militants, cet engagement non honoré, est une double trahison de la part de l'État qui fait ainsi le jeu de l'industrie minière et de ses *aficionados* politiques guyanais. D'ailleurs, comment croire encore à la bonne foi du Président de la République alors que le 23 octobre précédent, à l'occasion d'une présentation de la réforme du code minier aux élus

5. « Montagne d'or : la défense faiblarde de l'État français ne convainc pas la justice », 29 décembre 2020, *La Relève et la peste*.

de Guyane, les représentants de l'État affirment que le projet Montagne d'or est toujours « en développement » ? Souffler « en même temps » le chaud et le froid, faire de grands discours sur la protection de l'Amazonie lorsqu'elle brûle au Brésil et défendre les intérêts des lobbys miniers qui la détruisent en France, ce gouvernement a entièrement déserté son rôle qui est d'assurer la protection du territoire français.

Au sein du collectif Or de question, les militantes et les militants ne baissent pas les bras. Nous sommes conscients du double jeu permanent du gouvernement et de son administration, mais nous savons aussi que tant que nous resterons mobilisés, il n'y aura pas de mine industrielle en Guyane. Ni Montagne d'or, ni aucun autre projet car cette exploitation de la terre est incompatible avec la culture des peuples guyanais et avec les exigences en matière de protection du climat et de la biodiversité. Nous mènerons le combat à la fois sur le terrain, car nous sommes prêts à redescendre dans la rue, mais aussi auprès des institutions, où nous maintenons la pression pour un moratoire sur l'industrie minière avec le soutien des membres de la Convention citoyenne pour le climat. Nous bloquerons par tous les moyens ceux qui veulent détruire la forêt amazonienne.

De nos jours, quelle est la place dans la société pour celles et ceux qui défendent la nature ? Certaines personnalités écologistes, comme Greta Thunberg par exemple, sont devenues des figures incontournables du XXIe siècle. Leur interpellation des dirigeants politiques, leurs messages d'alerte influencent notre société. Elles se retrouvent d'ailleurs souvent sous le feu des critiques, attaquées par ceux pour qui, les militants écologistes sont des empêcheurs de tourner en rond, voire de dangereux contestataires, les fameux « ayatollah de l'écologie », expression chérie par certains pseudo intellectuels ou politiques pour faire un peu de buzz dans les médias. Je crois que c'est plutôt bon signe, car cela veut dire que nos idées progressent dans la société. Les gardiens et gardiennes de la nature sont passés du statut d'aiguillons politiques à celui de leaders d'opinion.

Selon la formule du philosophe Schopenhauer : « Toute vérité franchit trois étapes. D'abord, elle est ridiculisée. Ensuite, elle subit une forte opposition. Puis, elle est considérée comme ayant toujours été une évidence ». La reconnaissance de l'interdépendance des humains avec la nature est en train de suivre cette voie. Il y a encore quelques années, les militants écologistes étaient ridiculisés et leurs propositions moquées. Aujourd'hui, la protection de la nature se retrouve dans tous les programmes politiques (avec plus ou moins de crédibilité) et comme le montre les résultats des dernières élections municipales de 2020, une majorité des habitants des grandes villes comme Lyon, Strasbourg, Bordeaux, Besançon, Tours, Annecy et Grenoble se mettent à voter pour des projets résolument tournés vers l'écologie. Les tenants de la politique traditionnelle, pour ne pas dire archaïque, commencent à avoir peur de cette tendance de plus en plus populaire, d'où les rapprochements douteux entre écologie et intégrisme religieux.

Aujourd'hui, les associations de protection de l'environnement apparaissent comme des opposants politiques et celles qui sortent les griffes pour défendre la nature contre les grands projets inutiles du gouvernement, des élus régionaux ou municipaux se voient couper les vivres comme cela a été notre cas en Guyane. Au lieu d'être considérés comme des éléments essentiels de la vie de la cité, du débat démocratique et des vigies pour la protection de nos territoires, le fossé se creuse entre les dirigeants du monde d'hier et les militants engagés pour des futurs souhaitables et souhaités par un nombre grandissant de citoyens.

Être gardien et gardienne de la nature, c'est appartenir à un groupe. Rejoindre ce combat s'accompagne d'une prise de conscience du fait que la société dans laquelle nous vivons n'est plus en accord avec nos besoins, nos valeurs, nos espoirs.

Comme nous l'avons illustré dans ces pages, il est important d'être pleinement conscient des raisons de son engagement, de faire son introspection et se poser la question « pourquoi est-ce que je veux être gardien ? » à la manière du test des chefs amérindiens. Pour défendre la terre, il faut avoir envie de prendre soin de soi, des autres et de la nature.

Être gardien et gardienne de la nature, c'est aussi réussir à se « décoloniser » des *a priori*, être ouvert et prêt à déconstruire ce que nous tenons pour acquis, reconstruire un récit commun en nous inspirant d'autres cultures qui ont su conserver leur lien avec le vivant. Notre société est le fruit d'une construction historique, une évolution qui a progressivement déséquilibré notre relation à la nature, pour la réduire à une simple « ressource naturelle ». Ce déséquilibre est, selon les dires de la communauté scientifique, des climatologues aux anthropologues, responsable du dérèglement climatique, de l'extinction de la biodiversité ainsi que d'autres bouleversements des mécanismes biologiques de notre planète. Pour reprendre les mots de Albert Einstein, « on ne résout pas un problème avec les modes de pensée qui l'ont engendré ». Alors n'ayons pas peur de tout changer !

Être gardien et gardienne de la nature, c'est encore savoir résister ensemble et construire une communauté basée sur la solidarité entre humains et non-humains. Il nous incombe de mettre en place une société résiliente grâce à la force du collectif, en se détachant des réflexes individualistes et anthropocentrés, conscients de notre interdépendance vis-à-vis des membres de la communauté du vivant. Il est important de savoir que la loi française limite grandement notre marge de manœuvre individuelle. En effet, le droit actuel ne reconnaît pas au citoyen la capacité à défendre en son nom les intérêts de la nature devant la justice. À mes yeux, ce manquement juridique est contradictoire avec la Charte de l'environnement qui, rappelons-le, est un texte de valeur constitutionnelle, et qui prévoit que « chacun doit agir pour protéger l'environnement ». Heureusement, le droit français prévoit en revanche la possibilité pour tous les citoyens de se regrouper sous la forme d'association et ainsi de s'organiser pour défendre les intérêts de la nature. Le combat se place donc aussi sur le terrain du droit.

Intégrer une structure associative n'est pas une évidence pour tout le monde, dans la mesure où notre société repose essentiellement sur des schémas individualistes au lieu de favoriser des mécanismes de défense collective des communs. D'où le succès des écogestes, ces comportements individuels que nous pouvons faire évoluer dans notre quotidien, comme trier nos déchets, éviter de gaspiller l'eau et favoriser les moyens de déplacement doux comme le vélo plutôt que la voiture. En faisant la promotion de ces comportements, les décideurs politiques en appellent à la conscience citoyenne et font reposer la transition écologique sur les membres de la société au lieu de prendre les décisions qui mettraient un terme aux activités industrielles responsables de la destruction du vivant. Un exemple m'a particulièrement choqué : la secrétaire d'État Brune Poirson qui, le 23 juillet 2018 en pleine canicule, rappelait les Français à l'ordre sur les gestes à adopter contre le changement climatique. « Quand on envoie des emails, il faut éviter de mettre une pièce jointe trop lourde », sermonne-t-elle alors que dans le même temps, le gouvernement soutient encore activement l'implantation du projet climaticide Montagne d'or en Guyane. Je ne remets évidemment pas en question l'importance des gestes individuels, je constate simplement que, devant l'urgence de la situation et pour obtenir des résultats probants, il faut également procéder à des modifications structurelles de plus grande ampleur. Comme le souligne une étude du cabinet de conseil Carbone 4 publiée en juin 2019, l'impact des écogestes sur la réduction de l'empreinte carbone d'un Français, n'est que de 25 % maximum. Cela n'est pas négligeable, mais il nous faut atteindre 80 % de réduction pour respecter les engagements de l'accord de Paris. Pour atteindre cet objectif auquel s'est engagé notre pays, nous devrons contraindre l'État, en tant que régulateur et les entreprises en tant qu'actrices, à changer de modèle économique et à mettre un terme au productivisme qui met en danger les équilibres planétaires. Pour cela, il nous faut peser collectivement sur notre avenir. Et il y a urgence. Chacun d'entre nous peut s'engager dans une association de protection de la nature, à l'échelle locale, nationale ou même internationale. Et si comme les fondateurs de Wild legal vous avez votre propre projet pour participer à la défense du vivant, alors pourquoi pas créer votre propre association ?

Être gardien et gardienne de la nature, c'est adopter de nouveaux mots et concepts pour construire une identité commune. Pour bâtir cette nouvelle société et faire en sorte que la reconnaissance des droits intrinsèques du vivant atteigne la troisième étape décrite par Schopenhauer, celle où elle apparaîtra comme une évidence aux yeux de tous dans notre société, il est nécessaire que de nouveaux codes soient partagés entre les gardiens et gardiennes de la nature. Ces nouveaux mots, concepts et règles, dont certains restent à imaginer en s'inspirant entre autres, des cultures des peuples autochtones, nous permettront de repenser le monde de demain différemment.

Être gardien ou gardienne de la nature, c'est apprendre à être membre de la communauté du vivant. L'initiation aux savoirs de la nature permet au gardien de protéger les écosystèmes mais également d'assurer le rôle de médiateur entre le monde des humains et celui des non-humains, afin de les réunir. Par son savoir, il doit garantir la prise en considération des intérêts de la nature, de ses droits à exister et à ne pas subir de destruction d'origine humaine. Le gardien ou gardienne peut parler au nom de la nature en cas de prise de décision pouvant porter atteinte à ses intérêts, car en tant que membre de la communauté du vivant, il est solidaire des non-humains.

Il est capable de s'identifier à la rivière polluée, à la forêt que l'on brûle, l'arbre que l'on abat, ainsi qu'aux populations humaines lorsque tous sont concernés par la destruction de leurs conditions d'existence.

Être gardien ou gardienne, c'est dépasser le rôle d'habitant ou de citoyen pour être un membre engagé de la communauté du vivant. Le nouveau paradigme inspiré par la reconnaissance des droits de la nature et du crime d'écocide, est un mouvement pour l'émancipation de la Terre. Au lieu de subir la logique anthropocentrée de notre modèle de développement actuel, la nature peut ainsi devenir un sujet juridique à part entière au sein de la société. De la même manière, le statut de gardien ou gardienne de la nature doit permettre de s'émanciper de règles imaginées par les humains qui montrent chaque fois davantage leurs limites pour respecter les lois naturelles. C'est une démarche qui permet de se débarrasser du carcan du citoyen. C'est occuper une nouvelle place, ne plus être uniquement membre d'une nation, mais une entité au sein d'un écosystème, un membre conscient de la communauté du vivant. Plutôt que de limiter sa contribution au fonctionnement de la société en participant à l'exercice de l'élection des représentants, il s'agit de devenir également un contre-pouvoir à part entière. Le gardien ou gardienne s'engage pour garantir la bonne santé de son écosystème, afin que l'humain puisse vivre dans le respect de son habitat. Conscient de son interdépendance avec la nature, il s'identifie à elle. Le gardien ou gardienne est donc capable d'exercer une tutelle légale pour défendre les intérêts des écosystèmes auxquels il appartient.

Être gardien et gardienne de la nature c'est faire preuve de désobéissance créatrice hors des institutions et administrations sclérosées dont les actions sont dévoyées, et de déployer de nouveaux modèles de gouvernance locale, en s'entourant à la fois de scientifiques et de détenteurs de savoirs ancestraux pour s'assurer de la santé de la terre et de la compatibilité des activités humaines avec le respect des équilibres naturels et des limites planétaires. Cela signifie protéger les droits de la nature, même lorsque cela implique d'être en contradiction avec les lois existantes, pensées par les humains pour les humains rappelons-le. Comme les peuples autochtones se dotant de leur propre Protocole de consultation, ou des membres de la Convention citoyenne pour le climat réinventant les mécanismes de participation classiques, le gardien ou gardienne de la nature pourra refuser les simulacres de démocratie pour assurer une prise de décision collective incluant la défense des intérêts du vivant et des générations futures.

Être gardien et gardienne de la nature, enfin, c'est participer à cette révolution copernicienne qui remet la nature au centre de notre univers et préconise un mode de développement respectueux des limites planétaires. Il y a près de cinquante ans, en 1972, était publié le rapport Meadows, *Les limites à la croissance*, commandé par le Club de Rome, qui prévoyait les conséquences dramatiques d'une impossible croissance exponentielle sans limite dans un monde fini et l'impact destructeur des activités humaines sur les processus naturels. Il est maintenant nécessaire de repartir d'une analyse des capacités et des besoins de la communauté du vivant pour définir notre trajectoire commune. Tout comme les peuples autochtones de Guyane ont inscrit dans leur coutume la protection des droits collectifs afin de protéger leurs terres et leur culture, à nous d'opérer les changements en vue d'assurer à la fois le respect des équilibres biologiques de la Terre et les besoins essentiels de l'humanité. Une gouvernance replaçant les intérêts collectifs humains et non humains au centre, et non les intérêts d'une minorité de privilégiés. Il incombe donc aux gardiens et gardiennes de la nature de trouver les moyens de réparer la relation des sociétés dites « modernes » au vivant, pour qu'à l'avenir les écosystèmes soient respectés et ainsi préservés pour les générations futures, et que les blessures de la Terre puissent être soignées.

Table des matières

Tana S'ENGAGE

TANA est un éditeur qui s'engage pour la préservation de l'environnement et qui utilise du papier issu de forêts bien gérées certifiées FSC® et d'autres sources contrôlées.

Ce livre a été imprimé en France par un imprimeur certifié Imprim'Vert® avec des encres végétales. La couverture ne comprend pas de pelliculage contenant du plastique.

La collection « Le Temps des imaginaires » est dirigé par Damien Deville

Direction éditoriale : Suyapa Hammje
Édition : Marie-Pierre Lajot
Mise en pages : Nord Compo
Couverture : David Cosson
Fabrication : Camille Friquet

92, avenue de France
75013 Paris

ISBN : 979-10-301-0364-9
Dépôt légal : mars 2021
Imprimé en France par Normandie Roto s.a.s. (2100937)

Rejoignez-nous sur :
www.tana.fr

FSC
www.fsc.org
MIXTE
Papier issu de sources responsables
FSC® C003309